벼 의 일 년

벼의 일 년

한 알의 볍씨가 쌀이 되기까지

1판 1쇄 펴낸날 2024년 5월 18일
1판 2쇄 펴낸날 2025년 4월 10일

지은이 김주련, 오도, 오선재, 정채영
사 진 박혜정
감 수 장길섭
펴낸곳 도서출판 그물코
펴낸이 장은성
만든이 김수진
인 쇄 호성인쇄

출판등록일 2001.5.29(제10-2156호)
주소 (350-811) 충남 홍성군 홍동면 광금남로 658-7
전화 041-631-3914
전송 041-631-3924
전자우편 network7@naver.com
누리집 cafe.naver.com/gmulko

ISBN 979-11-88375-37-0 03300 값 18,000원

벼의 일 년

한 알의 볍씨가 쌀이 되기까지

김주련, 오도, 오선재, 정채영 지음 | 박혜정 사진 | 장길섭 감수

그물코

들어가며

쌀이 주식인 우리는 밥을 먹으며 매일 논과 마주한다. 한 톨의 쌀이 만들어지기까지 1년이라는 시간 동안 농부의 손길과 자연의 숨결이 차곡차곡 쌓여 밥그릇에 담기고 상에 오른다.

밥이 되는 쌀은 '벼'의 열매다. 벼는 물이 가득한 논에서 자라는 수생 식물이다. 벼가 뿌리를 내리는 논은 미끌미끌하고 부드러운 진흙으로 가득 차 있다. 논은 이 진흙 덕분에 물을 가둘 수 있고, 벼를 키워낼 수 있는 것이다.

논은 사람이 사는 곳이면 어디에도 있다. 물론 도시 한복판에서야 한 눈에 들어오지 않지만 도시를 조금만 벗어나면 제일 먼저 논이 눈에 들어온다.

그동안 나는 매일 밥을 먹고, 거의 매일 같이 논을 대하면서도 벼가 어떤 모습으로 자라나는지, 벼의 생김새는 어떤지 잘 모르고 살았다. 어려서부터 농사짓는 집에서 태어나, 논김매기를 하러 수도 없이 논에 들어갔다 나오기를 반복했지만, 벼꽃이 어떻게 생겼는지 잘 몰랐다. 어려서는 4km 학교 길을 걸어서 왔다 갔다 하면서 늘상 보아 왔던 논에서도 벼꽃은 잘 눈에 띄지 않았다. 심지어 대학교 때부터 꽃을 가꾸고, 식물원이나 수목원에서도 수년간 일하면서 수백, 수천 종류의 꽃을 봐 왔지만 벼라는 식물에 관심을 가져본 적이 없었다. 그러니 벼꽃을 들여다볼 생각조차 없었던 것이다. 꽃이 필 때면 누군가에게 들은 대로 '이삭이 팬다'라고 하고, 벼 포기가 커지면 남들이 얘기하는 것처럼 '새끼 쳤다, 분얼했다'라고 말하곤 했다.

그러다 몇 해 전 '벼'가 궁금해지기 시작했다. 학생들과 수업을 하면서 밭작물에 대해서는 나름 꼼꼼하게 짚고 넘어가는데, 벼농사에 대해서는 농사의 흐름만 설명하는 정도에 지나지 않았다. 벼라는 식물에 대해 자세히 알고 싶어 자료를 찾아봐도 농사 방법에 대한 자료가 대부분이었다. 결국 학생들과 이야기를 나누다 1년 동안 벼를 관찰해보기로 의견이 모아졌다. 일주일에 한 번씩 모여 그 주에 관찰할 내용을 정하고, 다같이 매주 논으로 나가 벼를 관찰하고, 사진을 찍어 기록으로 남겼다. 어느 날은 하루 종일 벼의 잎과 뿌리의 길이를 재고, 어느 날은 하루 종일 꽃이 피는지 관찰하기 위해 몇 초, 몇 분 간격으로 벼 옆을 서성이기도 하고 또 어느 날은 밥 한 공기에 들어가는 쌀을 세느라 일주일 내내 허리를 굽히고, 눈이 빠지도록 숨죽이며 까만 종이 위에 쌀을 나란히 늘어놓은 적도 있다. 하나의 식물을 1년이라는 시간 동안 끊임없이 관찰해보기는 처음인 것 같다.

그리고 이제 우리는 한 권의 책으로 '벼의 1년 살이'를 세상에 내놓는다. 많이 부족하지만, 그럼에도 불구하고 늘상 '밥'을 먹고, '벼'를 키우는 사람들과 같이 나누면 좋겠다는 마음에 조심스럽게 종이 위에 활자를 찍는다. 우리들의 삶에 '밥'이 없으면 안 되듯, 우리들의 일상에 '논'이 들어오길 바라는 마음도 함께 담는다.

이 작업의 시작과 끝을 같이하며 온 마음을 다해 준 친구들 주련, 채영, 선재, 혜정 그리고 책의 감수를 맡아 본문을 꼼꼼하게 살펴봐 주신 장길섭 선생님에게 고맙고 감사하다. 책이 세상에 펼쳐질 수 있도록 격려와 응원을 아끼지 않고 보내 준 풀무학교 전공부 식구들과 그물코출판사 식구들에게도 진심으로 감사의 마음을 전하고 싶다.

2024년 5월

공동 저자를 대표해서 오도

차 례

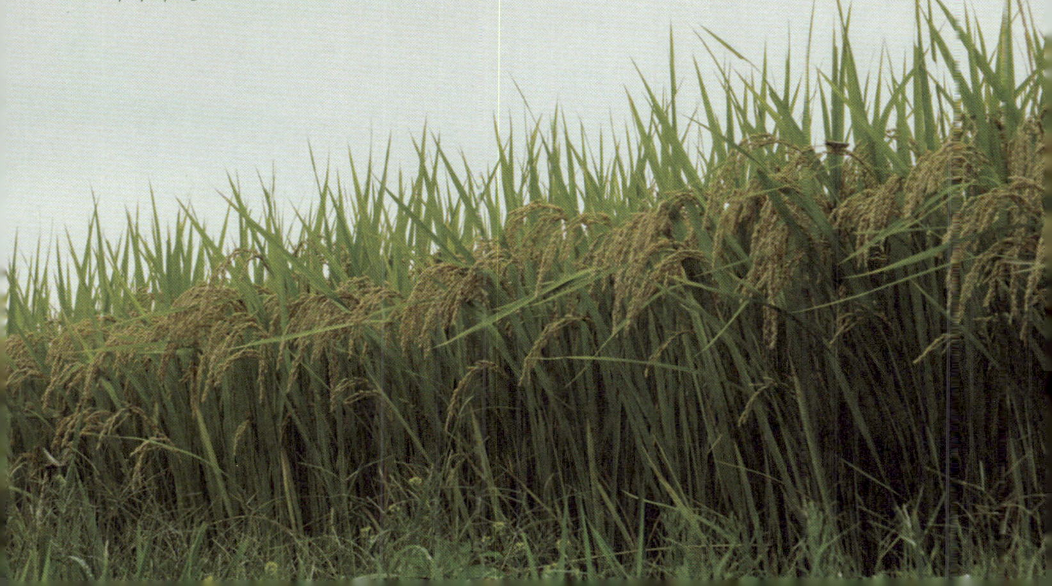

논에 물이 흐르고, 논둑의 마른 풀들이 뿌리를 내리기 시작하는 4월이면 논농사는 시작된다. 볍씨를 뿌리고, 모내기를 하고, 논김매기를 서너 차례하고 나면 어느새 수확의 계절이 다가온다.

벼의 일년은 생명을 키우는 농부의 손길과 태양이 주는 따뜻한 햇살 그리고 생명에 숨을 불어넣어 주는 바람의 도움으로 열매 맺는다.

농부도 벼도 태양도 바람도 자연의 일부가 되어
우리의 밥그릇에 담기고 우리의 몸을 이룬다.

밥 한 공기에는
쌀이 몇 알이나 들어갈까?

밥 한 공기에 들어가는 쌀의 양은 평균 100~120g이다. 이는 성인 1인 기준에 해당하는데, 요즘 사람들은 밥 먹는 양이 많지 않음을 감안해 쌀 100g을 전기밥솥에 딸린 계량컵에 재 보았더니, 이 정도 되었다.

100g의 쌀로 지은 밥이다. 누구나 알기 쉽게 일반 식당에서 사용하는 밥그릇에 담아보았다.

밥 한 공기에 쌀알이 얼마나 들어가는지 궁금했던 우리는 쌀알을 세어볼 생각은 하지 못했다. 밥알을 세는 건 손에 붙을 것 같아 귀찮았고, 왠지 어려울 것 같았다. 솔직히 말하면 궁금하기는 했지만 그렇게까지 하고 싶은 생각은 없었다. 그러다 일본에서 나온 벼 관찰에 관한 책을 보다가 밥 한 그릇에 쌀알 3,500개가 들어간다는 내용이 있어, 주변 사람들에게 그렇게 말하고 다녔다.

그 와중에 벼의 일 년을 관찰한 우리는 올해 농사지은 쌀로 밥을 해보고, 실제로 쌀알이 얼마나 들어가는지 직접 세어 보기로 했다. 늘 집에서 하던대로, 밥통에 딸려 있는 계량컵에 쌀을 한 컵 채운 다음 쌀알을 세기 시작했다. 흰색 쌀이 잘 보이도록 검은 종이를 깔고 한 줄에 100개씩 늘어놓기 시작했다.

바닥에 검은 종이를 깔고 쌀알을 한 줄에 100개씩 늘어놓기 시작했다. 1,500개쯤 세었을 때, 쌀알을 세기란 간단한 일이 아니라는 걸 깨달았다. 쌀알의 크기가 제각각인데다가 동그랗기 때문에 반듯하게 놓아도 이리저리 뒹굴어 다니고, 조금만 움직여도 놓는 줄에서 이탈하고 만다. 최대한 줄을 맞춰 잘 놓으려면 선 자세에서 허리를 굽히고 숨을 죽이며 한 알씩 놓아야 한다. 한 줄에 100개를 놓는 데 처음에는 30분이 걸렸다. 조금 익숙해지면서 한 시간에 네 줄 정도 놓을 수 있었다. 사람도 그렇듯이 쌀알도 다 다르게 생겼다는 걸 알게 되었다.

세어 본 결과 5,200알이 되었다.

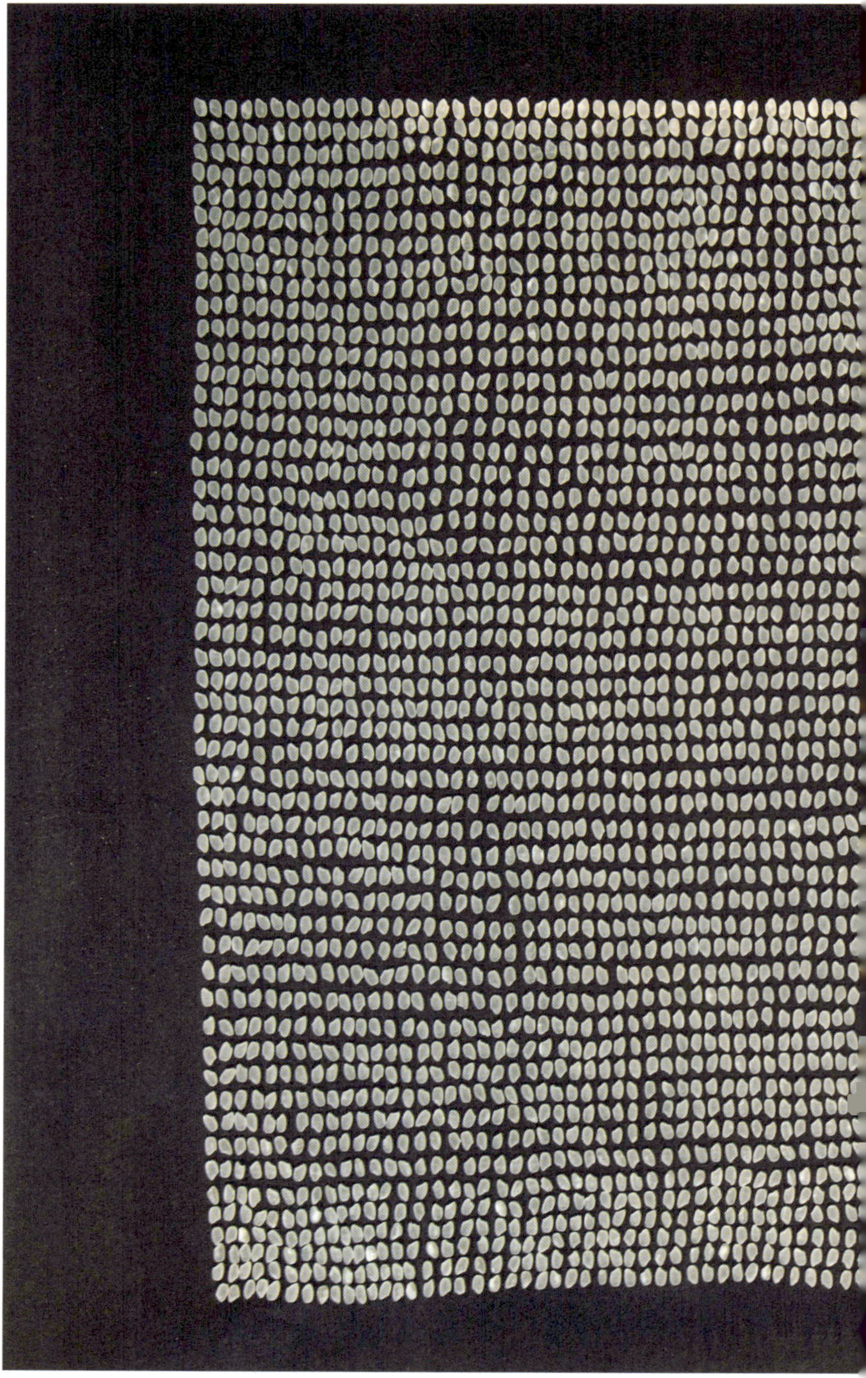

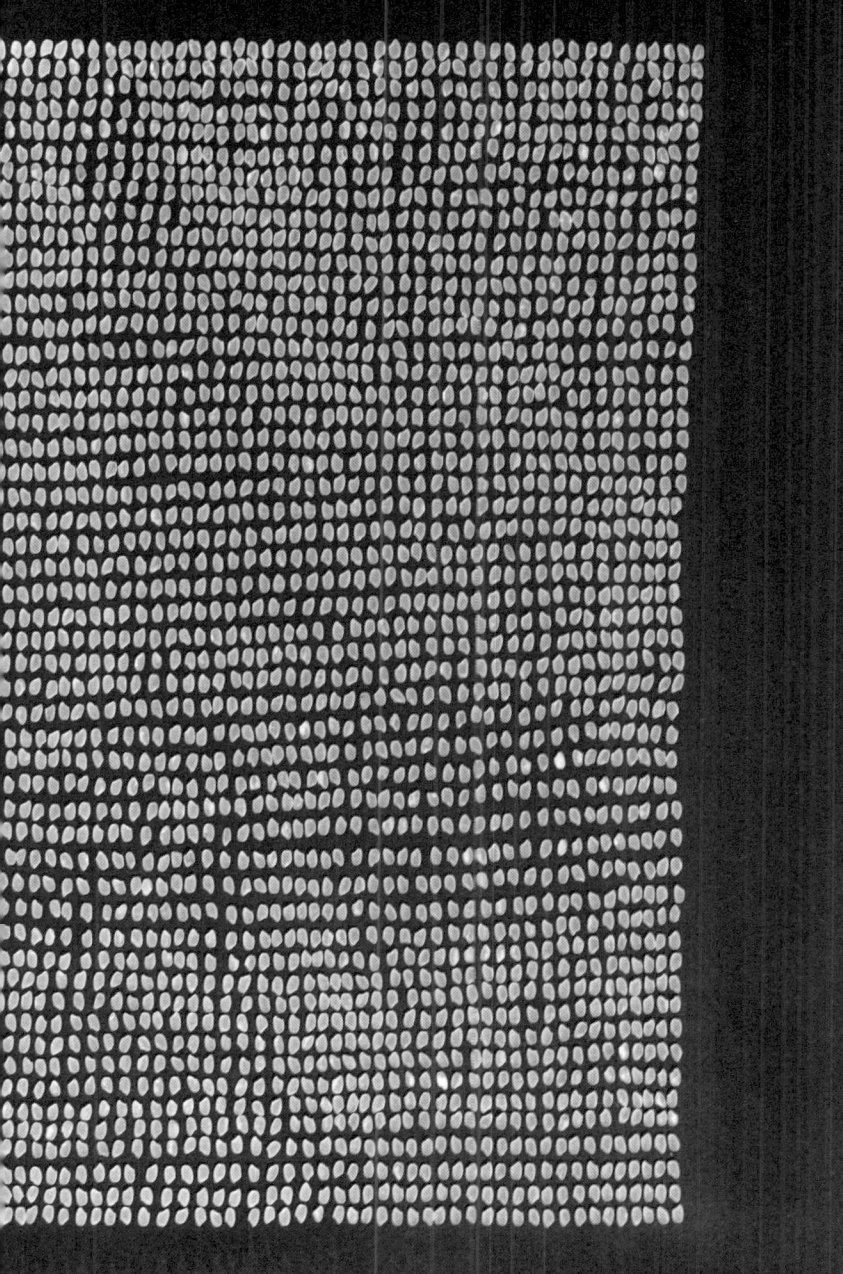

밥 한 공기에 5,200알이면 벼 3포기에 해당하는 양이다.
하루 두 끼를 먹는다고 계산하면
벼 6포기가 우리의 하루를 살게 하는 양인 것이다.

〔팁 1〕한 사람이 1년 동안 먹는 쌀의 양

시골에서는 밭이나 논의 규모를 부르는 이름이 있다. 보통 밭은 '평'
이라 하고, 논은 '마지기'라고 부른다. 물론 이 둘을 다 쓰기도 하지
만 구분해서 부르는 경우가 많다.

논과 밭은 한 마지기에 200평을 기준으로 한다. 지역에 따라 한 마
지기를 300평이라고 하는 곳도 있기는 하다. 내가 사는 지역(충남
홍성)은 한 마지기에 200평이다.

논 한 마지기에 벼농사를 지으면, 벼로는 보통 400kg(40kg×10
포) 정도를 수확한다. 이 벼를 정미소에 가지고 가서 왕겨를 벗겨 내
는 도정 과정을 거치면 쌀이 되는데, 쌀로는 300kg 정도 나온다. 쌀
은 80kg을 한 가마라고 하기 때문에, 계산해 보면 3가마 + 60kg
이 된다.

이것을 4인 가족이 먹는다고 했을 때, 한 달에 20kg씩 먹는다고 가
정하면 12달이면 240kg이 되고, 남는 60kg은 선물을 하거나 떡을
만들어 먹을 수도 있을 것이다.

즉 4인 가족이 1년 먹을 쌀을 생산하기 위해서는, 한 마지기=200
평이 있으면 된다.

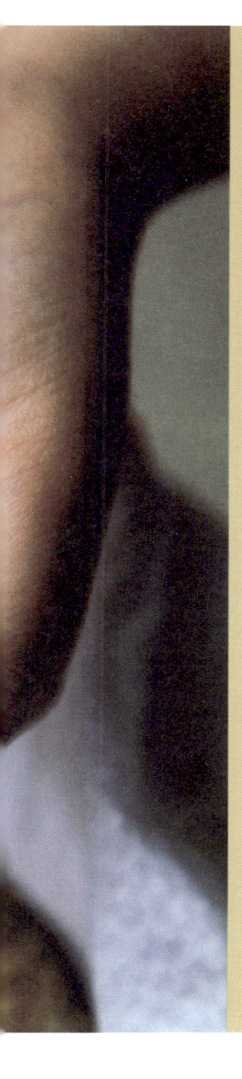

밥은 쌀로 만든다

쌀은 벼의 씨앗이다. 벼 이삭에 달린 열매의 껍질(왕겨)을 벗겨 내면 쌀이 된다. 벼에서 왕겨만 벗겨 낸 쌀이 현미이고, 현미를 얼마나 더 깎았는지에 따라 5분도, 7분도, 백미로 구분한다.

벼=나락: 왕겨를 벗겨내기(도정) 전

현미: 벼에서 왕겨만 벗겨 놓은 쌀

5분도: 현미를 깎았을 때 쌀눈이 거의 다 남아 있는 정도이며, 현미 무게의 4% 정도가 감소된 쌀.

7분도: 현미에서 쌀눈의 70% 정도가 남아 있는 정도이며, 현미 무게의 5.6% 정도가 감소된 쌀.

백미: 현미에서 쌀겨층과 쌀눈이 거의 제거되어 현미 무게의 8% 정도가 감소된 쌀.

벼의 씨앗, 볍씨

벼가 자라기 위해서는 씨앗이 필요하다.

벼의 씨앗을 '볍씨'라고 부른다.

볍씨는 두 개의 두꺼운 껍질(왕겨)에 싸여 있다.

쌀알(현미)

큰껍질(외영)

작은껍질(내영)

배

받침껍질

벼알가지

작은이삭축

볍씨의 구조를 살펴보기 위해 벼를 찬찬히 들여다봤다. '나락'이라고 부르기도 하는 벼를 한 톨 한 톨 들여다보고 있으면 빈틈없이 완벽하다는 생각이 저절로 든다. 두 개의 두꺼운 껍질은 짧고 단단한 털들로 뒤덮여 있어 웬만한 동물이나 벌레들이 접근하기조차 어렵다. 이 두 개의 껍질 중 큰 껍질이 벼알의 3분의 2 정도를 감싸고 있다. 그리고 그 밑으로 가늘고 뾰족한 두 개의 받침껍질이 작은이삭축을 중심으로 양 옆에서 벼알을 꽉 붙들고 있다. 작은이삭축은 벼알가지라고 하는 짧은 가지 같은 줄기와 이어져 있다. 하나의 이삭에는 보통 100개에서 200개 남짓의 벼알들이 붙어 있는데 그 하나하나의 벼 알은 모두 이와 똑같은 구조로 벼 이삭에 알차게 달려 있다. 오래 들여다볼수록 든든하다.

영근 볍씨를 고르고 물에 담근다

4월 중순, 낮 기온이 20도를 넘어가기 시작하면
영근 볍씨를 골라내고 씨 뿌릴 준비를 한다.
옛날 어른들은 서리 피해를 막기 위해 4월 말에 씨를 뿌렸다.

볍씨의 꺼럭을 잘라내는 탈망脫芒

볍씨에는 꺼럭이 있다. 볍씨를 뿌리기 위해서는 이 꺼럭을 잘라내야 한다. 그렇지 않으면 꺼럭끼리 엉겨 붙어 씨앗이 골고루 떨어지지 않기 때문이다. 이 작업을 탈망(脫芒)이라고 한다. 한자로 '탈(脫)'은 벗겨낸다 또는 잘라낸다는 뜻이고, '망(芒)'은 꺼끄러기를 말한다. 즉 씨앗에 달려 있는 꺼끄러기를 잘라낸다는 말이다. 옛날 농사를 노래로 정리한 '농가월령가'를 보면, 모내기에 적당한 시기가 망종(芒種)이라고 나온다. 이때의 '망'자도 마찬가지의 의미를 가진다. 24절기 중 아홉 번째 절기인 망종은 양력으로 6월 6일이며 '수염(꺼끄러기 또는 꺼럭)이 있는 곡식의 씨를 뿌려야 할 적당한 시기'이다. 이 시기에 모내기와 더불어 하면 좋은 일로는 밀과 보리를 베는 일이다. 밀과 보리에도 꺼럭이 있으니, 망종은 꺼끄러기가 있는 작물의 수확과 모심기가 동시에 이루어지는 시기이기도 하다.

그런데 볍씨에는 왜 꺼럭이 달려 있을까? 가늘고 긴 꺼럭은 야생동물이 씨앗을 먹지 못하게 하고, 병해충 방제에도 도움이 되며, 온도와 수분을 조절하는 역할을 한다. 그리고 꺼럭의 가장 중요한 역할은, 바람을 타고 볍씨가 땅에 떨어질 때 안전하게 땅에 닿아 싹이 잘 트도록 돕는 일이다.

찰벼에 달린 꺼럭의 길이를 재 보았다. 꺼럭의 길이는 벼 품종에 따라 조
금씩 다르다.

4월 15일 꺼럭을 제거하기 전의 볍씨

4월 15일 꺼럭 제거기(탈망기)를 이용해 꺼럭을 제거하고 있다. 이 과정에서 쭉정이와 가벼운 볍씨도 날아간다. 기계가 없을 경우에는 볍씨를 잘 말렸다가 손으로 비비거나, 거친 채에 넣고 손이나 도구를 이용해 비비듯 돌리면서 털어낸다.

4월 15일 꺼럭이 잘려져 나오는 볍씨

잘 여문 볍씨를 골라내는 소금물 가리기(염수선鹽水選)

꺼럭을 잘라낸 볍씨는 소금물 가리기라는 선별 과정을 거친다. 이 과정은 소금물을 이용해서 비중 차이를 통해 뜨는 것을 걷어내고 가라앉은 것을 씨앗으로 사용하기 위한 작업이다.

소금물 가리기의 과정은 다음과 같다. 큰 대야에 물을 붓고 소금을 녹인다. 소금물에 날달걀을 띄우고 달걀 표면이 500원짜리 동전만한 크기로 떠오를 때까지 소금을 넣으며 잘 저어 준다. 그 다음 볍씨를 넣으면, 잘 영근 씨앗은 바닥으로 가라앉고 쭉정이는 물 위로 떠오른다. 거름망으로 쭉정이를 건져 낸 후, 바로 맑은 물에서 두세 번 헹군 다음 햇빛에 말린다. 마지막으로 마른 볍씨를 작은 망에 옮겨 담는다.

4월 19일 잘 여문 볍씨를 골라내는 데 필요한 준비물들이다. 왼쪽부터 계량컵, 소금, 볍씨, 날달걀, 거름망, 큰 대야, 물 순서다.

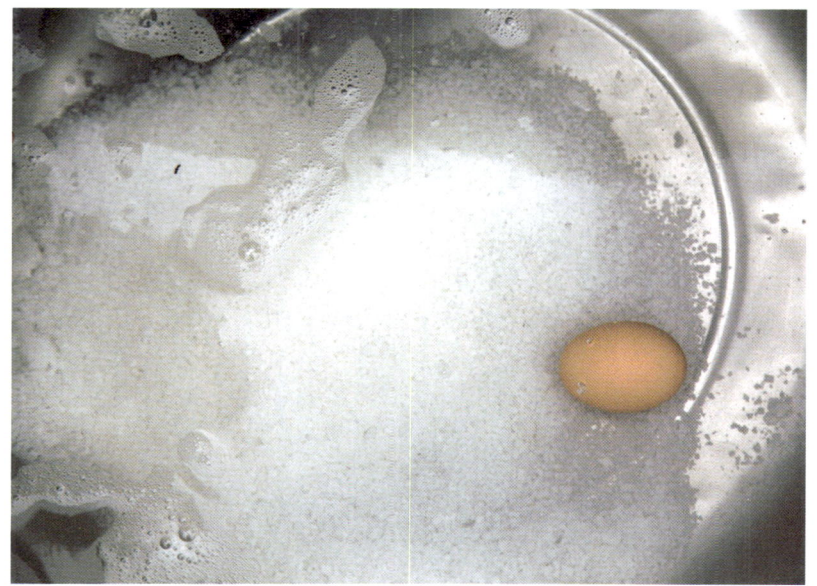

4월 19일 큰 대야에 물 12L를 넣고 소금 2.5kg을 녹이며 날달걀을 넣는다. 여기에서 소개하는 물과 소금의 양은 논 200평을 기준으로 볍씨 5kg을 걸러내는 것이다. 볍씨 5kg을 준비해서 염수선을 마치면 3kg 정도가 남아야 한다.

4월 19일 소금이 거의 다 녹을 때쯤이면, 달걀 표면이 500원짜리 동전만한 크기로 물 위로 떠오른다.

4월 19일 이때 볍씨를 넣는다.

4월 19일 볍씨가 소금물에 잘 섞이도록 저어준다.

4월 19일 물 위로 떠오른 쭉정이를 거름망으로 건져 낸다.

4월 19일 큰 대야 밑에 가라앉은 볍씨만 건져 낸 후, 흐르는 물에 소금기를 씻어 낸다.

4월 19일 소금기가 잘 씻겨졌으면, 양파망 같이 물기가 잘 빠져 나갈 수 있는 망에 담는다. 볍씨 양이 많을 때는 뜨거운 물에 넣고 소독할 때 망 안쪽까지 열이 전달될 수 있도록 4kg 정도씩 나눠 담는다.

볍씨를 소독하는 열탕소독熱湯消毒

잘 여문 볍씨를 골라냈으면, 볍씨가 키다리병 등에 걸리지 않도록 뜨거운 물에 소독한다. 잘 말린 볍씨를 60℃의 뜨거운 물에 10분 동안 담갔다 꺼낸 후 바로 차가운 물에서 식힌다.

4월 19일 40℃ 정도의 따뜻한 물에서 1분 정도 볍씨를 예열한다.

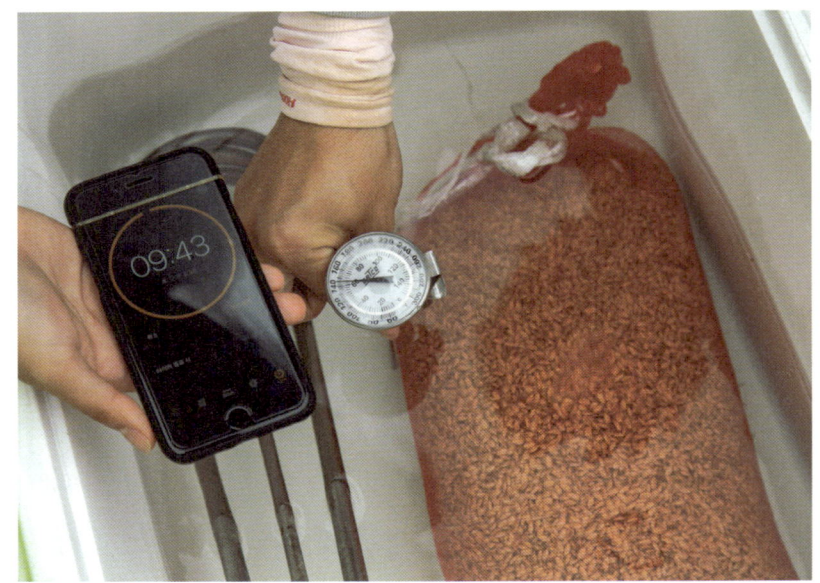

4월 19일 예열을 마친 볍씨를 60℃의 물에 10분간 담근다. 10분 내내 60℃를 유지해야 하기 때문에 자동 온도 조절이 가능한 '돼지꼬리히터' 같은 온열기를 이용하면 좋다. 흑미나 밀크퀸 같이 가벼운 품종은 60℃에서 7분간 담그면 된다. (벼농사의 규모가 커서 많은 양을 한 번에 소독해야 하거나 빠른 시일 내에 싹을 틔우기 위해 발아기라는 기계를 사용하기도 한다.)

4월 19일 열탕 소독이 끝나면, 뜨거운 물에서 꺼내자마자 바로 찬물에 식힌다.
찬물에 두세 번 담갔다 꺼내는 게 좋다.

볍씨를 물에 담가 싹을 틔우는 침종浸種

볍씨가 싹을 틔우기 위해서는 충분한 수분과 온도 그리고 산소가 필요하다.

인도가 원산지인 벼는 싹을 틔우기 위해 총 100℃의 온도가 필요하다. 낮 동안의 물의 온도가 쌓여 100℃가 되면 싹이 트는 것이다.

서리 피해를 막기 위해 보통 4월 20일에서 4월 30일 사이에 볍씨를 뿌리는 곳이 많다. 이때가 되면, 낮 동안의 물의 온도는 평균 15~20℃가 되기 때문에 빠르면 5일에서 6일 사이에 싹이 튼다. 그렇기 때문에 4일 이후부터는 매일매일 싹이 트는지 관찰하는 것이 좋다.

낮 동안 물에 담가 두었던 볍씨를 산소가 잘 들어갈 수 있도록 밤에는 물에서 건져 놓는다. 단, 첫 날만큼은 밤새 물에 담가 발아 억제 물질(발아의 본질적인 과정을 억제하는, 종자에 존재하는 특수한 유기분자의 총칭으로, 벼 껍질과 겨 층에 들어 있다)이 충분히 빠져 나오도록 한다. 발아 억제 물질을 제거하기 위해 매일 물을 갈아 준다.

4월 19일 뜨거운 물로 소독을 마친 볍씨는 찬물에 담가 물을 충분히 흡수할 수 있도록 해 준다.

4월 20일 낮 동안 물에 담가 두었던 볍씨를 밤에는 밖으로 꺼내 놓는다. 밤 동안은 산소를 충분히 마실 수 있도록 해 준다.

〔팁 2〕 벼농사에 필요한 볍씨의 양

논농사에서 가장 중요한 일은 좋은 볍씨를 잘 남겨 놓는 것이다. 벼는 자가수분(한 그루의 식물 안에서 자신의 꽃가루를 자신의 암술머리에 붙이는 현상. 이와 달리 타가수분은 다른 식물의 꽃가루가 곤충이나 바람, 물 따위의 매개에 의하여 열매나 씨앗을 맺는 것을 말한다)을 하는 작물이기 때문에 다른 품종과 섞일 염려가 별로 없지만, 1%의 타가수분율을 고려해 옆 논과 최대한 떨어진 곳에서 종자용 벼를 베는 것이 좋다. 주변이 다 같은 품종이면 상관이 없지만, 혹여 옆 논에 다른 품종의 벼가 자라고 있다면, 우리 논의 한가운데 쯤에 들어가 필요한 양만큼 낫으로 베서 미리 말려 두는 게 좋다. 종자용 벼를 털 때는 홀태나 머리빗으로 최대한 벼알이 깨지지 않도록 해야 한다. 볍씨에 금이 가거나 깨지면, 곰팡이병에 의한 포자가 침투할 우려가 있기 때문이다.

200평(한 마지기) 기준으로 필요한 볍씨 양을 계산해 보면 다음과 같다. 농가에서는 종자용 볍씨를 200평당 5kg 준비한다. 그랬다가 꺼럭을 제거하거나 염수선으로 빠지고 나면 3kg 정도가 남을 것으로 본다. 논 10평에 모판 1개가 필요하고, 모판 1개에는 약 100g의 볍씨가 들어간다. 그러면 200평 논에 필요한 모판 개수는 20개이고 ×100g이면=2000g, 즉 2kg이 필요한 셈이다. 농가에 따라 모판 1개에 120~150g을 뿌리는 곳도 있기 때문에 염수선한 볍씨를 3kg 정도 준비하면 넉넉할 것이다. 단 포트 모판의 경우 이보다 훨씬 적게(모판 상자에 뿌리는 볍씨 양의 3분의 1 정도) 들어가기 때문에 넉넉하게 200평당 1.5kg 정도의 볍씨를 준비하면 충분할 것으로 본다.

볍씨에서 싹이 나왔다

물을 충분히 먹은 볍씨는 작고 하얀색의 눈을 틔운다. 볍씨에서 잎이 되는 눈이 나오기 시작하면, 하루가 지나고 난 후 뿌리가 나온다. 이제 스스로 자랄 수 있도록 흙(벼농사용 상토)과 이불(부직포)을 덮어 준다.

예전에는 논에 직접 볍씨를 뿌려 모를 키웠다. 40년 전만 해도 전통 방식으로 농사짓는 농부들이 마을마다 한두 집은 있었다. 하지만 지금은 너무나 빠른 속도로 농사 방법이 바뀌고 있다.

논에 직접 볍씨를 뿌리던 방식에서 모판 상자로 바뀌더니 지금은 포트 모판에서 모를 키운다. 모판 상자는 벼의 뿌리들이 서로 엉겨 붙어서 모내기를 할 때 뿌리가 끊어지기 때문에 한참 몸살을 앓는다. 반면 포트묘는 하나하나의 모들이 독립된 공간에서 자라기 때문에 뿌리가 끊기는 일이 없어 모내기를 한 후 뿌리가 빨리 자리를 잡는다. 결국 수확량에서도 모판 상자보다 포트 모판에서 키운 쪽이 더 많이 나온다.

씨뿌리기가 끝나면 물을 충분히 주고 부직포를 덮어 준다. 새싹이 나올 때 너무 강한 빛을 받지 않도록 도와 주고, 늦서리에 의한 피해를 막을 수 있기 때문이다.

4월 25일 볍씨에서 눈(잎)이 나왔다. 이 정도 크기(1mm)로 자랐을 때가 볍씨를 뿌리기에 가장 적당한 시기이다.

4월 25일 눈이 나온 볍씨를 바람과 햇볕에 하루 동안 말려 준다. 너무 오래 말리면 눈이 말라 버릴 수 있기 때문에, 자주 저어 주며 상태를 본다. 볍씨가 손에 달라 붙지 않을 정도로 마르면 적당하다.

〔팁 3〕너무 길게 자란 볍씨의 눈

볍씨에서 눈이 1mm 넘게 자라면, 볍씨를 뿌리는 과정에서 눈이 부러지기도 하고, 서로 엉겨 붙는 바람에 골고루 뿌려지지 않는다. 또한 기계로 뿌릴 경우 기계가 막히는 원인이 되기도 한다.

4월 25일 볍씨를 뿌리기 전, 모판에 상토를 반 정도 채운다. 이렇게 상토만 담은 상태에서 물을 충분히 준 다음 볍씨를 뿌리는 것이 좋다. 씨뿌리기가 다 끝난 다음에 위에서 물을 주면 안에까지 물이 잘 스며들지 않아 싹이 거의 나지 않을 수 있다. 왼쪽은 포트 모판, 오른쪽은 모판 상자.

4월 25일 각각의 모판에 들어가는 볍씨의 양. 모판 상자에 들어가는 볍씨의 양 (100g)에 비해, 포트 모판에 들어가는 볍씨의 양(30g)이 훨씬 적다.

4월 25일 볍씨를 뿌리고 난 후의 모습

4월 25일 포트 모판에는 한 구멍에 3~4개의 볍씨를 뿌리는 것이 일반적이다. 단, 밀크퀸처럼 새끼치기(분얼)를 잘 안하는 품종은 5~6개의 볍씨를 뿌려주는 것이 안정적이다.

4월 25일 모판 상자에는 손으로 흩어뿌리거나 파종기를 이용해 줄뿌림한다.

4월 25일 삽목 상자에 볍씨 파종용 상토(수도용 상토)를 넣고 흔들어 주면서 고운 상토로 볍씨를 덮어 준다. 상자 높이만큼 상토가 덮이면 납작한 나무판이나 전용 플라스틱 판으로 평평하게 고르기해서 마무리한다.

4월 25일 볍씨를 뿌리고 상토를 덮은 다음 평평하게 골라 마무리한 모습

4월 25일 파종을 마친 모판에 부직포를 덮고 있다. 부직포는 벼 잎이 2.5~3장이 되면 벗겨 내는데, 보통 볍씨 파종하고 12~13일 후가 된다.

〔팁 4〕 자연에서 눈이 나오는 볍씨는 잎보다 뿌리가 먼저 나온다?

볍씨의 눈을 틔우기 위해 볍씨를 물에 담그고 5일 정도 지나면 눈이 나오는데, 이는 식물의 잎이다. 하지만 논에서 저절로 떨어져서 눈이 트는 볍씨는 아래 사진에서 보는 것처럼 뿌리부터 나온다.

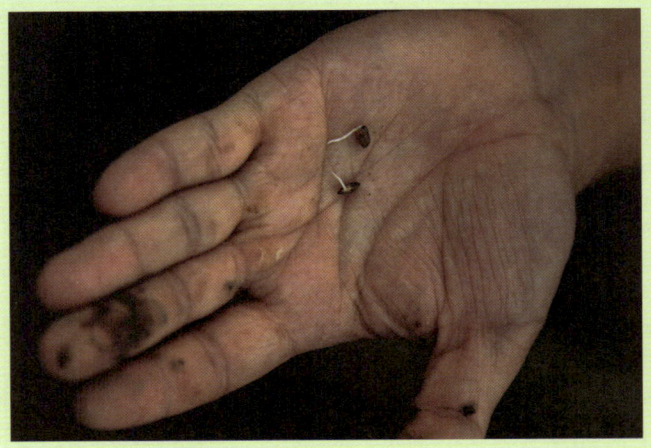

볍씨뿐만 아니라, 모든 식물은 눈이 나올 때 잎보다 뿌리가 먼저 나온다. 수분을 흡수한 씨앗은 먼저 뿌리를 내리고, 그 뿌리는 또 다시 물과 양분을 흡수해 싹을 틔워 흙을 밀고 올라오는 것이다. 볍씨는 이 과정을 거치지 않고, 물과 온도를 충분히 주기 때문에 뿌리의 역할이 바로 필요하지 않게 된다. 대신 물속에 담겨진 볍씨는 산소가 부족해지기 때문에, 잎눈을 먼저 틔워 숨을 쉴 수 있게 하는 것이다. 주어진 환경에서 살아남기 위한 그들만의 생존 본능이 저절로 나오는 게 아닐까.

5월 1일 부직포를 덮어 둔 모판 상토 흙을 뚫고 볍씨의 싹이 나오기 시작했다.

벼가 자란다

볍씨를 뿌리고 나서 5일 정도 지나면 상토 위로 잎이 삐죽하게 올라온 다. 우리가 보기에는 처음 나온 잎처럼 보이지만, 실은 그 아래 그러니 까 상토 속에는 이미 첫번째 잎(초엽)이 자라 있고, 상토 밖으로 나와 우리가 처음 보게 되는 잎은 두번째 잎(1엽)인 것이다.

잎의 명칭에 대해 우리나라와 일본의 견해가 다르다는 것을 이번 공 부를 통해 알게 되었다. 우리나라는 벼 잎이 제 모습을 갖기 시작하 는, 즉 잎몸이 생기기 시작하는 초엽 다음다음 잎을 1엽이라 부르는 반면, 일본에서는 초엽 다음 잎을 1엽이라고 한다. 이렇게 두 나라에 서 보는 개념이 달라 어떻게 하면 좋을지 한참을 이야기 나눈 기억이 난다. 결국 우리는 초엽 다음에 나오는 잎을 1엽으로 하기로 했다. 초 엽은 어느 정도 벼가 자라면 사라진다. 그러니까 떡잎으로 보는 게 좋 을 것 같다는 생각이 들었다. 하지만 1엽은 아주 오랫동안 제 모습을 유지하며 살아간다.

1엽이 나오기 시작하면 그날로부터 5일 간격으로 새로운 잎이 한 장 씩 나온다고 한다. 정말 그럴까? 믿기 어려워 확인을 하고 싶었다. 그 래서 새로운 잎이 나오고 3일이나 4일째 되는 날에 가서 관찰해 본 결 과 정말 새 잎이 제대로 올라와 있지 않았고, 5일이 되어서야 '짠'하고 나타나듯이 쑥 자라나 있음을 볼 수 있었다. 이때쯤 벼를 보고 있으면 하루가 다르게 자란다는 말이 실감이 날 정도다.
벼는 그렇게 6엽까지 나오면 이제 제 집을 찾아 논으로 나간다.

초엽

4월 26일 볍씨를 뿌린 후 하루만에 자란 초엽과 뿌리. 초엽은 볍씨에서 나오는 최초의 잎이다. 초기에는 제법 잘 자라다가 벼가 스스로 자랄 만큼 크고 나면, 저절로 떨어져 나간다. 뾰족한 모양으로 나오는 초엽의 초 자는 한자로 칼집 초를 쓴다.

1엽

초엽

4월 27일 볍씨를 뿌린 후 이틀만에 1엽이 나왔다. 초엽 다음으로 나오는 첫번째 잎으로, 다 자란 후에도 잎 모양은 바뀌지 않는다.

2엽

1엽

초엽

5월 2일 1엽이 나온 후 5일만에 나온 2엽. 이때가 되면 뿌
리도 제법 자란다. 2엽부터는 제대로 된 잎 모양을 갖춘다.

3엽

2엽

1엽

초엽

5월 7일 3엽이 나왔다.

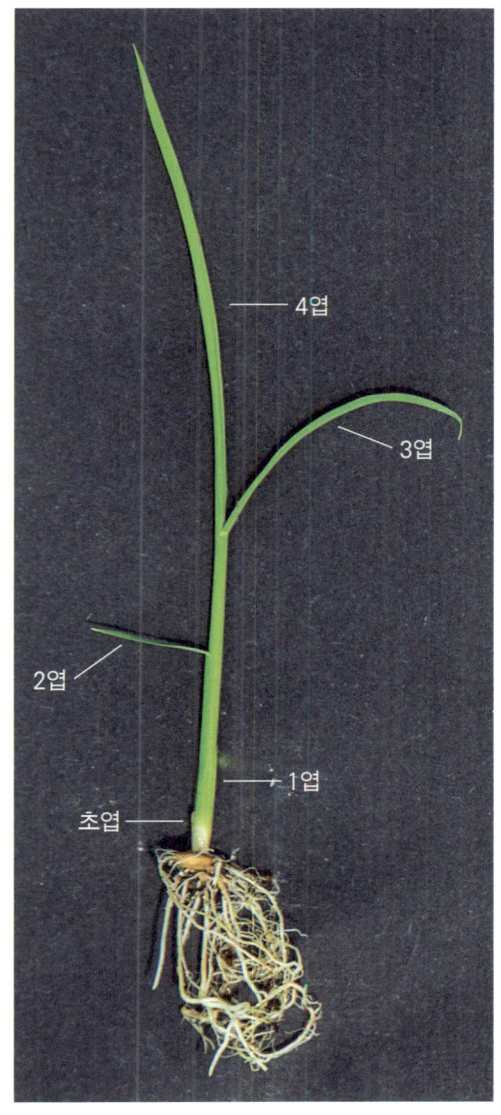

4엽

3엽

2엽

1엽

초엽

5월 13일 4엽이 나왔다-.

4엽

5엽

3엽

2엽

1엽

초엽

5월 17일 5엽이 나왔다.

5엽
6엽
4엽
3엽
2엽
1엽

5월 22일 6엽이 나왔다. 이제 초엽은 스스로 떨어져 나
가서 보이지 않고, 논으로 나가도 될 정도로 뿌리까지 튼
실해졌다.

〔팁 5〕볍씨 안에는 양분이 어느 정도 있을까?

볍씨 안에 양분이 어느 정도 있는지 확인하려면 약국에서 파는 요오드액을 사서 볍씨에 발라 보면 된다. 문구용 칼을 이용해 볍씨를 반으로 가른 후 요오드액을 바르고, 5분 정도 지난 다음에 물로 씻어 내면 보라색으로 물이 드는 걸 볼 수 있다. 색의 진한 정도에 따라 양분 양을 알 수 있다.

사진 왼쪽부터 보면 1엽에서 3엽이 나오는 동안 볍씨 안의 양분이 점점 줄어드는 걸 확인할 수 있다. 5월 2일, 맨 왼쪽: 볍씨 안에 양분이 가득하다. 3엽이 나오기 전까지는 볍씨 안의 양분으로 잎과 뿌리를 키워낸다. 5월 7일, 가운데: 볍씨 안의 양분이 반 정도로 줄었다. 5월 13일, 오른쪽: 볍씨 안의 양분은 거의 보이지 않는다. 4엽이 되면 뿌리와 잎이 자기 역할을 충분히 할 만큼 자라게 된다.

볍씨에서 싹이 나고 뿌리가 내리기 시작하면 이제 한숨 돌리게 된다. 4월 초부터 볍씨를 골라 싹을 틔우고 육묘 상자에 씨를 뿌릴 때까지 한시도 마음을 놓을 수 없다. 산과 들에서는 진달래며 개나리, 목련이 만발해 기분이 들뜨기도 하지만, 그 기분에 휩쓸리다가는 농사일의 때를 놓칠 수 있으ㅡ니 마냥 즐거워할 수만은 없는 일이다. 4월은 농부들에게 한 해 농사가 시작되는 아주 중요한 달인 게 분명하다.

4월 15일 쟁기질을 마친 논

모내기를 위한 논 준비

쟁기질

4월은 갈아엎는 달이라고 했다. 겨울 동안 말랐던 논을 굵게 갈아엎는다. 옛날에는 소가 끌고 가는 쟁기로 논을 갈았지만, 지금은 대부분 트랙터로 간다. 그 사이 경운기가 한 몫하기도 했지만, 그 풍경은 최근 10년 사이에 거의 다 사라져 버렸다.

쟁기로 갈아엎어진 흙은 따뜻한 햇살을 받으며 온기를 머금고, 부드럽게 잘 마르며 숨을 들이마신다.

부지런한 농부는 지난해 가을에 논을 갈기도 한다. 잘게 썬 볏짚을 논 속 깊숙이 넣어 주며 겨우내 부식이 잘 되게 하는 것이다. 볏짚이 충분히 부숙되지 않으면 쌀 전분의 찰기가 떨어지고, 단백질 함량을 높여 미질을 떨어뜨리는 원인이 되기도 한다. 벼를 키우는 과정에서 비료나 퇴비를 많이 주면 쌀에 단백질 함량이 높아진다. 그러면 밥이 맛이 없고 빨리 식으며 딱딱해지는데, 이를 미질이 나쁘다라고 한다.

지금이야 소 먹이로 볏짚을 대부분 걷어내서 그럴 일이 많지는 않지만, 논에 볏짚을 넣어 잘 부숙시키면 밥맛이 좋아지고, 미질도 좋아질 뿐만 아니라, 토양 속 유기물이 풍부해져 논 생물의 다양성에도 효과가 있다는 말이기도 하다.

겨울에 하는 쟁기질의 또 하나의 장점은 논에서 나는 풀 씨앗을 얼려 버리는 것이다. 그 중에서도 올방개라는 풀은 땅속 30cm 이상 깊이에서 구근으로 번식하기 때문에 손으로 뽑기가 쉽지 않다. 하지만 쟁기질로 깊게 갈아엎으면 구근이 밖으로 나오면서 얼어 버리기 때문에 올방개 같은 구근성 풀은 확실하게 퇴치할 수 있다.

4월 20일 로터리 작업. 쟁기질한 논을 조금 더 부드럽게 만들기 위해 트랙터에 로터리를 달고 흙을 곱게 부순다. 곱게 갈수록 흙이 물에 잘 풀어진다. 이때 흙의 높이가 평평해야 써레질도 편해진다.

논둑 바르기와 풀 깎기

4월이면 아직 풀은 크지 않지만, 논둑 바르기 전에 풀을 깎아 주는 게 좋다. 그래야 물에 젖은 논흙이 잘 달라붙는다. 로터리가 끝난 논에 물을 가두면, 흙이 곤죽이 된다. 이 흙을 퍼 올려 논둑에 발라 준다. 논둑 바르기가 제대로 되지 않으면 미꾸라지나 드렁허리 같은 논 생물들이 금세 구멍을 뚫어 버려 물이 새 나가고 만다.

5월 29일 논둑 바르기. 모내기를 위한 논을 준비할 때, 가장 중요한 일은 논에 물을 채우는 일이다. 곱게 간 논에 물을 채우면 논흙은 곤죽이 되는데, 이 흙을 삽으로 떠올려 논둑에 발라 논 생물들이 만들어 놓은 구멍을 막아 주어야 한다.

써레질

논에 물이 차오르면, 로터리를 다시 한 번 치면서 동시에 써레질을 한다. 써레질은 논을 평평하게 해 주는 작업을 말한다. 최대한 평평하게 해야 풀이 올라오지 않는다. 써레질이 울퉁불퉁하면 물 위로 흙이 드러나고, 드러난 곳에서 풀이 자라기 딱 좋은 환경이 만들어지기 때문이다. 논 김매기의 수고를 덜려면 써레질에 힘을 쓰자.

6월 4일 로터리를 단 트랙터가 써레질을 한다.

6월 4일 트랙터가 써레질을 한 뒤에 물 위로 흙이 드러나는 곳은 사람이 직접 높은 곳에서 낮은 곳으로 흙을 끌어내린다.

〔팁 6〕 논은 이렇게 생겼다

논도 생김새가 있다. 우선 물이 들어오는 곳과 나가는 곳이 있어야 한다. 그리고 논에 물이 가득 차면 골고루 흘러 들어갈 수 있도록, 물길이 되어 주는 도랑이 있어야 한다.

논에 물을 가둬 둘 수 있는 둠벙이 있으면 더할나위 없이 좋다. 이 둠벙은 보통 물이 나는 곳을 골라 만드는 것이 가장 좋지만, 물이 나지 않는 논이라면 물을 대기에 적당한 위치를 잡아 웅덩이를 파서 만들면 된다.

둠벙이 있으면 논 생물이 많이 모여들어 생물 다양성을 높일 수 있다. 벼는 자라는 과정에서 물을 빼고 넣기를 반복해야 하기 때문에, 논 생물에게 둠벙은 큰 도움이 된다.

둠벙이 있으면 좋은 또 다른 이유는, 물의 온도를 높일 수 있다는 점이다. 대부분의 농가에서는 저수지나 지하수 물을 이용해 농사를 짓는다. 지하수의 경우, 모터로 물을 길어 올리면 차가운 물이 나오는데 이 물을 바로 논에 대지 않고 둠벙에 담아 두었다 논으로 흘려 보내면, 모(벼)들이 골고루 잘 자란다. 둠벙이 없는 곳에서 지하수를 바로 대면, 물이 들어가는 주변의 벼들은 키가 작고 새끼도 적게 쳐서 수확량이 떨어지는 원인이 된다.

물을 가둬 두는 곳 '둠벙'

물이 나가는 곳

물이 들어오는 곳

물이 흘러다니는 곳(도랑)

물을 가둬 두는 '둠벙'

물이 들어오는 곳

물이 나가는 곳

물이 흘러다니는 곳(도랑)

벼는 물에서 자란다

벼는 물을 좋아한다.
우리나라에서 재배하는 대부분의 벼는 논에서 자란다.
농부가 논에 물을 가득 채우고, 모내기를 하면
이제 벼는 논이 집이다.

모내기를 하기 위해 물을 가득 채운 논.

물은 모든 생명의 근원이다.

바람을 타고 고요해진 물 속에는

수없이 많은 논 생물로 가득하다.

어쩌면 이 세상은 보이는 것보다 보이지 않는 것들의 힘으로

굴러가고 있는지도 모를 일이다.

논농사의 시작을 알리는 모내기

모내기할 논 준비가 끝나면 논은 연못이 된다. 겨우내 말랐던 논에 물이 차오르고, 써레질이 끝나면 잔잔하다 못해 고요하다. 거울에 비친 듯 속이 다 들여다보이는 얕은 물은 바람을 타고 미끄러지다 온몸으로 햇볕을 껴안는다.

5월의 따뜻한 햇살을 받아 물은 따뜻해지고, 물과 곤죽이 된 흙은 발가락 사이를 노닐며 부드럽게 가라앉는다.

애써 키운 모를 논으로 나르고, 어떤 이는 손으로 심고, 또 어떤 이는 기계(이앙기)로 심는다. 이쯤 되면 모는 한 뼘 정도 자란다. 어린 모는 잎이 3장이 되고, 크게 키운 모는 6장까지 자란다. 아직은 볏대가 약하기 때문에 부러지지 않도록 조심조심 다뤄야 한다.

모내기할 때 주의할 점은, 모를 너무 깊게 심지 않는 것이다. 벼는 새끼치기를 할 때, 뿌리와 줄기가 동시에 같은 곳에서 나온다. 그 경계 부분이 흙속으로 깊이 들어가면 새끼치기를 덜 하게 된다.

가운뎃손가락 위에 뿌리를 올려놓고, 마치 가볍게 연필을 잡듯 모를 감싼 다음 흙속으로 집어넣는다. 어린 모를 흙속에 살포시 올려놓는다는 기분으로 너무 깊지 않게 심으면 틀림이 없다. 언뜻 보기에는 힘이 없어 보이지만, 2~3일만 지나고 나면 꼿꼿하게 서서 온몸으로 자연과 마주한다.

한 번 심을 때 보통은 모를 서너 개 모아 심지만, 새끼치기를 잘 하지 않는 밀크퀸 같은 품종은 대여섯 개씩 모아서 심는 게 좋다.

이제 모들이 제 집을 찾았다.

5월 22일 6엽이 되면 키도 부쩍 자라 제대로 된 잎 모양을 갖춘다.

6월 6일 모내기할 때는 한 손에 모를 들고, 다른 한 손으로 모를 심는다.
모를 심을 때는 최대한 얕게(모의 뿌리만 잠기게) 심는 게 좋다. 모와 모의
간격은 20cm, 모를 심은 한 줄 사이의 간격은 30cm가 적당하다.

6월 6일 손모내기하는 모습

6월 6일 기계(승용 이앙기)로 모내기하는 모습

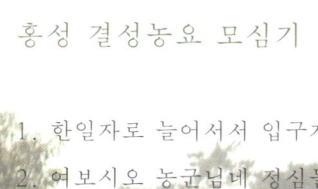

홍성 결성농요 모심기

1. 한일자로 늘어서서 입구자로 심어를 보세 어럴럴럴 상사리

2. 여보시오 농군님네 정심들여 심어보세 어럴럴럴 상사리

3. 서마지기 논배미가 반달만큼 남았구나 어럴럴럴 상사리

4. 반이 되어 반달이냐 초생달이 반달이지 어럴럴럴 상사리

5. 이팔청춘 소년들아 백발을 보고서 웃지를 말어라 어럴럴럴 상사리

6. 주인양반 좋아라고 닭잡고 술먹기는 여반장일세 어럴럴럴 상사리

7. 이논배미 얼른심고 장구배미로 넘어를 가세 어럴럴럴 상사리

8. 오늘해도 다 갔는지 골목골목 연기가 난다 어럴럴럴 상사리

9. 떠들어온다 떠들어온다 점심광주리가 떠들어온다 어럴럴럴 상사리

10. 아까심은 붙여심고 어덕밑은 띄어심세 어럴럴럴 상사리

11. 저기가는 저여편네 궁덩이커서 애잘났겄네 어럴럴럴 상사리

12. 올챙이란 놈 개구리 앞에서 줄담배 피다가 물볼기 맞는다 어럴럴럴 상사리

13. 앞에 산은 멀어지고 뒷산은 가까워 온다 어럴럴럴 상사리

14. 놀아보세 놀아보세 젊었을 때 또 놀아보세 어럴럴럴 상사리

1. 잘 심는다 잘 심어 어럴럴럴 상사리

2. 우리 농군들 잘도 심네 어럴럴럴 상사리

3. 놀자 놀자 어럴럴럴 상사리

4. 늙어지면 못 놀아 어럴럴럴 상사리

5. 아까심은 붙여심고 어럴럴럴 상사리

6. 어덕밑은 떼어심세 어럴럴럴 상사리

6월 9일 모내기를 마치고 2~3일 후면 비스듬하게 누었던 모들이 꼿꼿하게 자리를 잡는다.

[팁 7] 뿌리의 생명력

모내기를 마친 다음날. 돌돌 말려 있던 포트 모의 뿌리가 얼마나 뻗었을지 궁금해져 한 포기를 뽑아 보았더니, 상상을 초월할 만큼 길고 넓게 뻗어 있어서 놀랐다. 하룻밤 사이에 이렇게 많은 일을 하고 있었다는 게 신비롭기만 했다.

이 사실을 확인하고 나니, 상자 모보다 포트 모로 키운 벼의 수확량이 많다는 사실이 이해되었다. 그만큼 모내기할 때의 뿌리 상태가 어떠냐에 따라, 벼의 자람과 수확량에서 차이가 많다(달라진다)는 것을 알 수 있었다.

잎이 하나 나올 때마다
새끼치고 뿌리가 늘어나는 벼

벼는 볍씨에서 최초의 잎인 초엽이 나오고 그 다음 1엽이 나오면, 그 때부터는 규칙적으로 잎이 나오고 분얼을 반복한다.

1엽에서 2엽이 나오기까지의 기간은 5~6일이 걸린다. 그리고 2엽에서 3엽이 나오는 데까지 그리고 3엽에서 4엽, 4엽에서 5엽이 나오기까지의 일 수는 규칙적으로 반복된다. 이후의 잎이 나오는 기간도 마찬가지다.

분얼에도 규칙이 있다. 4엽이 되면 1엽 옆에서 분얼하는 순이 나오는데 이를 '1차 분얼'이라고 한다. 그리고 5엽이 되면 2엽 옆에서 1차 분얼이 나온다. 그리고 6엽일 때 3엽 옆에서, 7엽일 때 4엽 옆에서… 이와 같은 규칙은 이후에도 계속 반복된다.

알기 쉽게 표현하면 전체 잎 수에서 3을 빼면 1차 분얼 수를 알 수 있다. 실제로는 초엽에도 분얼 눈이 있지만 퇴화되어 분얼하지 않는다. 점점 분얼 수가 많아지면 잎과 분얼을 눈으로 헤아리기 어려울 정도로 무성하게 자란다. 물론 가끔은 엄마 모 상태가 좋지 않아 분얼 순을 밀어내지 못할 때도 있긴 하다. 하지만 대부분의 모는 거의 비슷하게 올라온다.

더욱 놀라운 일은 새로운 잎과 새로운 분얼이 나올 때마다 뿌리 수도 늘어난다는 사실이다. 책에서 설명으로만 보다가 실제 관찰을 통해 알아차렸을 때는 정말 신비로웠다. 뭐라 말로 표현할 수 없는 기적 같은 일이 벼 한 포기에서 일어나고 있었다.

한 알의 쌀이 만들어지기 위해, 논에서는 눈에 보이는 것보다 눈에 보이지 않는 힘이 있다. 논은 힘이 세다.

2엽

1차 분얼

1엽

5월 27일 1엽과 2엽 사이에서 1차 분얼이 나왔다. 어린 모인데도 분얼한 순이
잎몸까지 갖춘 모습을 볼 수 있다.

분얼 눈

6월 7일 8엽까지 나오고, 분얼 눈이 5개까지 나왔다.

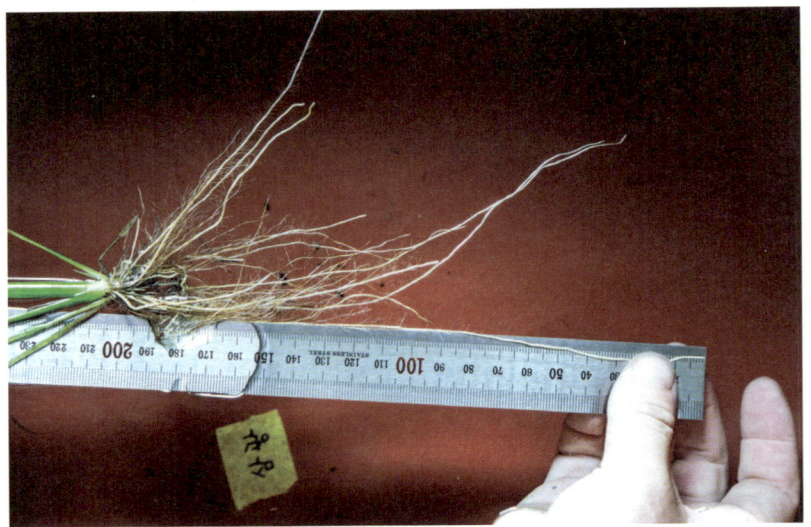

6월 7일 뿌리 수는 47개가 되고, 가장 긴 뿌리는 20cm까지 자란다.

1차 분얼

2엽

생장점

줄기

1엽

뿌리

6월 12일 1엽에서 분얼 눈이 나온 어린 모의 단면. 뿌리와 잎이 만나는 짧은 줄기에서 14~18개의 마디를 만들어 낸다. 벼 뿌리는 생육 초기에 한 마디에서 5개~ 10개정도가 뻗어 나오는데, 분얼이 본격적으로 시작되면 20개 이상 나온다.

잎몸

잎집

벼의 잎은 잎집과 잎몸으로 되어 있다. 잎집과 잎몸이 연결되는 부분(하얀 동그라미)에는 깃과 잎귀 그리고 잎혀가 있다.

잎집과 잎몸

잎집과 잎몸의 가장 중요한 역할은 광합성과 증산 작용을 통해 벼 전체에 영양분을 공급하는 것이다. 줄기와 꽃눈을 보호하고, 벼가 곧게 서 있도록 지탱하는 역할도 한다. 잎몸이 먼저 자라고 나면 그 다음으로 잎집이 자라는 특징을 가지고 있다.

깃

잎집과 잎몸을 연결해 주는 기관으로 단단한 조직으로 되어 있다. 벼가 자랄수록 조직 부위가 점점 더 넓어진다.

잎귀

깃과 잎집 사이에 좌우 한 쌍의 잎귀가 있다. 잎귀는 낚시 바늘처럼 구부러져 있으며, 잎집이 줄기로부터 떨어지지 않도록 양팔의 역할을 하는 듯이 보인다. 벼는 일반적으로 잎귀가 잘 발달되어 있고, 벼와 꼭 닮은 피에는 잎귀가 없으므로 벼와 피를 구별하는 지표가 되기도 한다.

잎혀

흰색으로 혀 모양을 한 얇은 막으로 되어 있고, 끝이 뾰족한 삼각형 모양이 두 갈래로 갈라져 있다. 잎집의 끝부분이 퇴화한 것으로 보인다. 입혀는 줄기를 싸고 있는 잎집의 끝을 줄기에 달라붙게 해서, 빗물이 그 속으로 들어가는 것을 막는다던가, 줄기와 잎집 사이의 습도를 조절하는 역할을 한다.

벼 잎을 구성하는 부분들을 가리키는 말들이 사람 몸의 기관을 부르는 말과 비슷해 새롭고 재밌게 느껴진다.

잎혀
깃
잎귀

윗머하연

잎혀
잎귀
깃

〔팁 8〕 모든 벼가 분얼을 똑같이 하는 건 아니다

2엽

1엽

1차 분얼

벼는 4엽이 되면 1엽 옆에서 1차 분얼이 시작되는 게 원칙이지만, 엄마 모 상태에 따라 분얼을 하지 않는 경우가 더 많은 것 같다. 분얼 눈이 퇴화되거나, 다른 눈에 눌려서 나오지 못하기도 한다.

〔팁 9〕 잎맥을 중심으로 잎 양쪽 너비가 다른 벼

벼 잎은 가늘고 긴 모양을 하고 있으며, 나란한맥(평행맥)이다. 이 잎은 광합성과 증산 작용을 통해 벼가 필요로 하는 양분을 만들어 낸다. 외떡잎식물의 잎에서 볼 수 있는 나란한맥은 잎 가운데 부분에 볼록 튀어 나온 맥(중륵)이 있다. 벼도 마찬가지로 이 맥이 도드라져 보이는데, 특이하게도 벼는 이 가운데 맥을 중심으로 양쪽의 너비가 다르다. 이 너비는 아래서부터 잎 거의 끝부분까지 이어지다가, 잎 끝부분에서 한 뼘 정도 길이가 남은 지점부터는 가운데 맥을 중심으로 반대가 된다.

더욱 신기한 점은, 첫번째 잎의 너비가 사진과 같이 왼쪽이 좁고 오른쪽이 넓다고 하면, 두번째 나온 잎은 왼쪽이 넓고 오른쪽이 좁다는 것이다.

논 김매기 '

모내기가 끝나고 일주일 정도 지나면, 논에 풀이 올라오기 시작한다. 보통 6월 15일경에 1차 김매기를 하고, 6월 30일경에 2차 김매기를 한다. 이후 10일 정도 지나 7월 10일경에 3차 김매기를 하고 나면 일단 논 김매기는 끝이 난다. 7월 20일경부터는 벼 (잎의) 끝이 눈을 찌를 수 있어 조심해야 한다.

이후 논 김매기 때는 미처 못 뽑은 여뀌나 피를 한 번 더 뽑기도 하지만, 수확 직전에 논 상태를 보면서 하면 되기 때문에 그렇게 큰 무리가 되지는 않는다.

논 김매기는 옛날이나 지금이나 참 힘든 일이다. 한창 더워지기 시작하는 6월부터 7월 초까지, 물이 가득찬 논에 들어가 허리를 숙이고 네 발로 기어다니며 풀을 뽑는다. 물과 섞인 논흙은 진흙탕이 되어, 풀이 손에 잘 잡히지 않기도 한다. 그럴 때면 논물을 다 빼내고 양손으로 논바닥의 흙을 퍼 올려 뒤집고 문지른 다음, 앞으로 나아간다. 힘들게 뽑아낸 풀은 가까운 논둑으로 던지거나, 논바닥에 놓고 발로 밟아서 논 속으로 완전히 들어가게 한다.

뜨거운 햇살에 땀이 흐르고, 흐르는 땀은 다시 논바닥을 적시며, 숨이 턱턱 막힌다. 물 빠진 논을 걸을 때면 미끄러워 몸을 똑바로 가누기도 어렵고, 진흙과 물이 만나 장화를 조이면 온 힘을 다해서 빼내야 겨우 앞으로 나아갈 수 있다. 이렇게 하루가 지나고, 이틀, 사흘이 지나 온몸이 기진맥진해지면, 며칠 후 다시 처음부터 김매기가 시작된다.

아마도 옛 어른들이 만든 '두레'라는 풍습은 논 김매기 때문에 생겼는지도 모르겠다. 기계도 제초제도 없던 시절, 그 넓은 평야의 논 김을 다 매려면 얼마나 힘이 들고, 많은 노동력이 필요했을까.

지금도 유기농으로 농사짓는 농꾼들에게 논 김매기는 가장 힘든 일이다. 논 김매기를 줄이기 위해 우렁이나 오리를 넣기도 하고, 쌀겨를 뿌리기도 하며, 물을 최대한 깊게 대 보기도 하지만 완벽한 제초는 어려운 듯하다.

그래도 지금까지 버틸 수 있었던 힘은, 옆에서 같이 논김을 매 주는 친구들(이웃들) 덕분인지도 모른다. 같이 땀 흘리고, 같이 밥 먹고, 같이 노래 부르다 보면 어느새 끝이 보이기 시작한다.

어쩌면 논이 주는 가장 큰 행복은 바로 이런 '정'이 아닐까 싶다.

7월 3일 물속에 잠겨 보이지 않던 물달개비들이 서서히 모습을 드러낸다. 빨리 뽑지
않으면, 벼에게 가야 할 양분을 다 빼앗겨 볏대가 누렇게 변한다.

성인 한 사람이 하루에 할 수 있는 논 김매기의 면적은 약 200평 정도라고 한다. 농사일은 혼자보다는 여럿이 할 때 더 힘이 나는 것 같다.

홍성 결성농요 아시매기(초벌 김매기 때 부르는 노래)

여보게 농군들 아시덜 매서
받는소리) 얼카덩어리

1. 넘어가는게 다 덩어리인가
2. 무정세월아 가지를 말어요/아까운 농군들 다 늙어가누나
3. 올적 갈적 곁눈질 말구요/나 사는 동네 달머슴 오시오
4. 청천하늘에 잔별도 많구요/내 가슴에 수심도 많더라
5. 일본 동경이 얼마나 좋기에/꽃 같은 날 두고 연락선 타느뇨
6. 세월이 가기는 유수와 같구요/사람이 늙기는 바람결 같구나
7. 오뉴월 삼복에 추워서 떨었나/정든 님 손잡고 말 못해 떨었네
8. 까마귀 까치는 낭구에 놀구요/처녀 총각은 골방에 노누나
9. 추우냐 더우냐 내 품에 들어라/베개가 얕거든 내 팔을 베어라
10. 우수 경첩에 대동강 플리고/정든 님 말씀에 오내 속 풀린다.

받는소리) 얼카뎅이
1. 넘어가는게/덩어릴세
2. 앞을 보고/옆을 보며
3. 정심들여서/잘도 매요
4. 우리 농군들/잘도 매누나

〔팁 10〕 벼 잎 끝에 맺힌 물방울

벼 잎 끝에 맺힌 이 물방울들은 이슬이 아니다. 벼가 뿌리에서 빨아-올린 여분의 양분들이다. 벼는 자기가 필요한 만큼 쓰고 남은 양분들을 벼 잎의 끝이나 가장자리로 너보낸다. 그래서 논에 나가 보면 꼭 아침이 아니더라도 이런 현상을 관찰할 수 있다.

바람을 부르는 논둑 풀 깎기

논과 논 사이에는 논둑이 있다. 논둑은 농부의 길이 되고, 논 생물들이 알을 낳는 보금자리가 되며, 댐 역할을 하는 논에 채운 물이 빠지지 않도록 막는 둑의 역할도 한다.

부지런한 농부는 1년에 네 번 정도 논둑 풀을 깎는다. 모내기 전에 한 번, 논 김매기 전에 한 번, 중간물떼기 전에 한 번, 수확하기 전에 한 번 이렇게 네 번이다.

논둑 풀을 깎지 않고 그대로 두면, 풀이 자라 바람을 막고 병해충이 생기는 원인이 되기도 한다. 무엇보다 논둑에 구멍 난 곳을 찾기 어렵게 된다. 미꾸라지나 웅어(드렁허리)가 구멍을 뚫으면 논물이 금세 빠져 버리는데, 이 구멍을 찾으려면 논둑 풀을 제때 깎아 놓아야 한다.

또한 강아지풀, 수크령, 그령, 개밀, 쥐보리, 억새, 조개풀 등 벼과와 사초과 식물에 덮여 그 아래에서 올라오는 민들레나 씀바귀 같은 풀들이 다양하게 자랄 수 없게 된다. 그리고 논둑 풀들이 넘어지고 쌓여 부엽화가 되고, 그러다 보면 어느새 흙이 부드러워져서 살짝만 밟거나 비가 내리면 쉽게 무너져 내릴 수 있다.

논 생물들의 서식처가 되어 주는 논둑. 물을 가둘 수 있도록 댐의 역할을 해 주는 논둑은 풀이 있어서 가능하다. 그들의 뿌리가 엉키고 설켜서 무너지지 않는 것이다.

9월 9일 풀로 무성해진 논둑. 아침 저녁으로 논에 물을 보러 다녀야 하는 농부에게 논둑은 길이나 마찬가지다. 풀이 너무 높이 자라면 바람이 잘 안 통해 병에 걸릴 위험도 크지만, 제일 중요한 부분은 논둑에 구멍이 났는지 찾기 어렵다는 점이다. 논둑 풀을 깎아 놓으면 이 구멍을 찾아 막을 수 있다.

예전에는 논둑에 난 풀을 낫으로 베어다가 퇴비로 만들어 썼지만, 지금은 예취기로 풀을 깎는다. 풀과 함께 흙이나 돌이 튈 수 있기 때문에 안전을 위해 보호 장비를 갖추고 하는 것이 좋다.

정갈해진 논둑. 다니기도 좋고, 논둑에 난 구멍도 바로 찾을 수 있어 일하기가
한결 수월해졌다.

건강하게 새끼를 친 벼

태양이 가장 높게 뜨는 6월말이 되면, 벼는 충분히 자랄 수 있을 만큼 튼튼한 뿌리를 내린다. 뿌리가 깊고 넓게 뻗어갈수록 벼의 잎도 무성해지고 분얼 수도 왕성하게 늘어난다.

6월 20일쯤 되면 1차 분얼은 대략 6개까지 늘어난다. 이때부터 1엽의 1차 분얼에서 2차 분얼이 나오기 시작한다. 1차 분얼을 중심에 두고 바깥부터 안쪽으로 2차 분얼이 생긴다.

6월 27일경이 되면 3차 분얼이 시작된다. 3차 분얼 역시 맨 먼저 나온 잎인 1엽의 2차 분얼을 중심에 두고 바깥부터 안쪽으로 생긴다. 이렇게 벼는 분얼을 계속 반복하며 포기를 늘리는 특징이 있다.

논의 조건이나 그해 기상에 따라 자람의 차이가 크기 때문에 평균 15~25개의 이삭을 얻을 수 있는 게 보통이다. 하지만 한 포기의 벼를 잘 키우면, 40개 가까운 이삭을 얻을 수 있다.

1차 분얼

2차 분얼

3차 분얼

6월 27일 한 포기씩 심은 벼를 뽑아 분얼을 확인해 보았다. 6월 말이 되면 1차 분얼은 6개까지 늘어나고, 2, 3차 분얼까지 왕성하게 이루어지고 있음을 알 수 있다.

6월 27일 3차 분얼이 나오기 시작하는 벼 포기의 줄기를 잘라 보았다. 요오드액을 발라 전분 반응을 지켜 보니 보라색으로 물이 든다. 보라색으로 물이 든다는 것은 볍씨가 싹이 틀 때와 마찬가지로, 전분을 가지고 있다는 것을 의미한다. 벼는 이삭이 올라오기 시작하면 그 양분을 이삭으로 보내 열매 맺는 데 온 힘을 다한다. 이삭이 올라올 때까지 잎과 줄기에서도 전분을 모으며 양분을 쌓아 두고 있음을 알 수 있다.

벼를 위에서 내려다 본 모습. 처음 심은 벼를 중심으로 분얼 순이 양옆으로 하나씩 나오고, 그 다음 분얼 순은 처음 심은 벼를 중심에 두고 직각 방향으로 나온다. 이렇게 분얼이 반복되면 모든 잎이 겹쳐지지 않아, 햇볕을 골고루 받으며 자랄 수 있다. 벼들은 이 사실을 이미 알고 있었던 걸까.

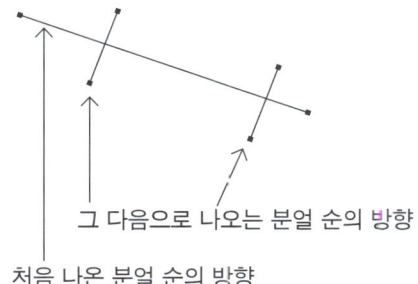

그 다음으로 나오는 분얼 순의 방향

처음 나온 분얼 순의 방향

엄마 모   1차 분얼 10개   2차 분얼 21개

3차 분얼 10개

7월 12일 이제 벼가 충분히 분얼을 했다고 생각해, 양동이에서 한 주만 키운 모를 꺼내 확인해 보았다. 처음 심은 모를 포함해 42개까지 늘어나 있었다. 이 중 많게는 32개까지 이삭이 맺힐 것으로 예상이 된다.

만약 이 상태에서 중간 물떼기를 하지 않고 그대로 두면 70개 정도까지 분얼 수는 늘어난다.

이 결과만 보면 포기당 한 주를 심는 게 분얼 수가 가장 많아 좋을 것 같지만, 실제 벼농사를 지어 본 경험으로는 수확량이 안정적이면서 많이 나오는 것은 포기당 3~4주를 심었을 때다.

그 이유는, 분얼하는 모든 줄기에서 이삭이 나오지는 않기 때문이다. 아니 이삭이 안 나온다기 보다는 날씨가 점점 서늘해지면 이삭이 늦게 나오기 때문에 결국 포기당 1주를 심었을 경우 대략 30개의 이삭이 열매를 맺기도 하지만, 3~4주를 심었을 경우 한 주당 평균 16개 정도의 이삭이 열매를 맺는다. 즉 결고·적으로 보면, 1주를 심어 불규칙하게 30개 정도의 이삭을 얻기 보다는, 3~4주를 심어 적어도 30~40개의 이삭을 안정적으로 얻는 것이 수확량이 더 많아지기 때문이다.

중간물떼기

벼가 충분히 분얼을 하고 논 김매기도 끝나면 이제 논의 물꼬를 터 모내기 때부터 받아 놓았던 물을 완전히 뺀다. 이 과정을 '중간물떼기'라고 부른다. 7월 20일경에 물떼기를 시작해서 보름 정도 뒤에 다시 물을 채운다.

삽을 들고 논으로 나가 막혀 있던 물꼬를 트면, 콸콸콸 물소리가 경쾌하다. 논바닥으로 산소가 들어가는 소리가 들리는 듯하다.

중간물떼기를 통해, 벼가 더 이상 분얼을 하지 못하도록 막고(헛새끼치기), 뿌리에 산소를 불어넣어 숨을 쉬게 한다. 중간물떼기는 보통 이삭이 나오기 30~40일 전이 적기라고 하지만, 실제로는 날짜로 계산하기 보다는 평균 분얼 수(28~36개)를 보고 적당한 시기를 찾는 게 더 현명한 방법일 것이다.

논에서 물이 빠지면, 뿌리는 산소와 물을 찾아 더 깊게 뿌리를 내린다. 그만큼 꼿꼿하게 서 있을 힘이 생겨 가을 태풍에도 잘 견딜 수 있게 된다.

중간물떼기를 잘 해야 하는 또 하나의 중요한 이유는, 벼를 수확할 때 논바닥이 잘 말라 있어야 콤바인 같은 기계가 들어갔을 때 빠지지 않기 때문이다. 논바닥이 쩍쩍 갈라질 때까지 충분히 물을 빼 준다.

7월 15일 논의 물꼬를 터서 물이 빠지고 있다. 논농사에서 중간물떼기는 모내기만큼이나 어려운 작업인 것 같다. 물론 기계를 이용하면 금방 끝나지만, 뭐든 사람 손만큼 섬세하게 할 수 있는 일은 없기 때문에 나는 아직도 손으로 작업하는 걸 좋아한다.

7월 15일 다랑이논이 많은 학교 논은 논마다 조건이 다 다르다. 거의 네모 반듯한 논은 도랑 칠(도랑치기는 논물이 잘 빠지도록 땅을 파내거나 고르면서 물이 낮은 쪽으로 흐르게 하는 작업을 말한다) 일이 거의 없기도 하다. 하지만 반달, 초승달 모양인 다랑이 논은 앞가슴(사람이 주로 걸어다니는 쪽)은 물론 뒷 논과의 경계인 뒷똘(뒷쪽 도랑)과 논 사이사이를 다니며 도랑을 쳐야 한다. 빠져 나가는 물의 양이 많기 때문이다. 줄과 줄 사이에 있는 한 줄의 모를 아예 다 뽑아서 다른 벼 포기 사이로 옮긴 후, 두 손으로 흙을 퍼내며 도랑을 만든다. 이때 도랑의 물이 물꼬가 있는 곳으로 흐르도록 진흙의 높이를 조절해 가며 물길을 만드는 것이 중요하다. 사진에서 흰색 화살표로 표시한 부분이 물이 잘 흐르도록 도랑 쪽으로 더 깊이 판 모습이다. 도랑치기하며 주의할 점은, 이때가 되면 벼가 제법 자라 엎드려 일할 때 잎 끝이 눈을 찌를 수 있으니 조심해야 한다는 것이다.

7월 15일 중간물떼기를 마친 논

벼꽃이 핀다

중간물떼기로 한숨 돌리고나면, 다시 물을 대야 하는 시기가 온다. 중간물떼기한 후 대략 15일에서 20일 후로, 중간물떼기하는 동안 분열이 끝난 벼는 이제 꽃을 피우는 데 온 힘을 다한다. 벼는 수생식물이라 물을 좋아하기도 하지만, 꽃을 피우기 위해서는 충분한 물이 필요하다.

벼꽃에는 꽃잎이 없다. 그 대신 잎이 변해서 된 이삭 속에 꽃이 쌓여서 나오는데 농부들은 이 모습을 보고 "이삭이 팬다"라고 말한다. 이 이삭 속에는 꽃잎은 없고 암술과 수술만 있을 뿐이다. 7월말에서 8월 초가 되면 이삭이 벌어지고 하얀 수술이 밖으로 나오는데, 이걸 보고 "벼꽃이 핀다"라고 하는 것이다.

날씨가 맑은 날 아침이면 9시경부터 꽃을 피운다. 대부분 점심 전후까지 꽃이 피지만, 날이 흐리거나 비가 오는 날에는 오후 3~4시까지도 꽃이 피는 모습을 볼 수 있다. 이때가 되면 논에 물꼬를 막고 다시 물을 충분히 대준다.

꽃눈

6월 20일 아주 어린 이삭이 생겼다. 꽃눈이 언제쯤부터 생기는지 궁금해서 찾아 보니, 벼 잎이 대략 12장 나오면 꽃눈을 만들기 시작(이삭 패기 약 30일 전)한다고 나와 있었다. 그래서 어린 모의 꽃눈을 관찰해 보니 6월 20일에 아주 어린 이삭이 생긴 걸 확인할 수 있었다. 이때는 아직 솜털 같이 부드러운 털이 꽃눈을 보호하고 있다.

8월 10일 이제 이삭의 모습을 갖추고, 꽃 피울 준비를 마쳤다. 햇빛에 비춰 속을 들여다보면, 암술과 수술이 희미하게 보인다.

벼 이삭이 나온 모습. 꽃 피기 직전이다.

벼에도 하얗게 꽃이 핀다

농사짓는 집에서 태어나 논 김매기를 하러 수도 없이 논에 들어갔다 나왔다를 반복했지만, 벼꽃이 어떻게 생겼는지 잘 몰랐다. 어려서는 4km 학교 길을 걸어서 왔다갔다하면서 늘상 보아왔던 논에서도 벼꽃은 잘 눈에 띄지 않았다. 그리고 몇 년 전까지도 벼의 꽃잎이 흰색으로 피는 줄 알았다.

그러다 벼를 관찰하며 내가 얼마나 무심한 사람이었는지 알게 되었다. 대학교 때부터 꽃을 가꾸는 공부를 하고, 식물원이나 수목원에서도 수 년간 일하면서 수 백, 수 천 종류의 꽃을 봐 왔지만 벼라는 식물에 관심을 가져본 적이 없었다. 그러니 벼꽃을 들여다볼 생각조차 없었다. 하루 세 끼 그러니까 하루면 만 오천 개에 가까운 쌀을 먹으면서도 쌀로 열매 맺는 '벼'라는 식물에 대한 관심이 눈꼽만큼도 없는 사람이었다.

이제라도 벼꽃이 눈에 들어오고, 꽃봉오리가 터지고 질 때까지의 모습을 자세히 들여다볼 수 있어 다행이다.

수술

속껍질

겉껍질

암술

벼꽃은 참 단순하게 생겼다. 식물이 열매를 맺기 위해 꼭 필요한 암술(암술머리가 두 개로 갈라져 있다)과 수술(6개)이 있고, 꽃잎은 없다. 꽃잎 대신 열매를 맺으면 보호하기 위해 두 개의 단단한 껍질(왕겨)이 있는데, 이 껍질은 잎이 변해서 된 것이라고 한다. 내가 어려서부터 꽃이라고 생각했던 것은 꽃잎이 아니라 수술이었던 것이다. 6개의 수술이 터져 껍질 밖으로 나온 모습이 마치 꽃잎이 하늘하늘 피어나는 듯 보인다. 벼는 자기 꽃가루를 받아 수정을 하는 '자가 수분' 작물이기 때문에 굳이 꽃잎이 없어도 되는 전략을 꾀한 것이 아닐까. 다른 꽃들처럼 자신을 화려하게 꾸며서 벌과 나비의 도움을 받아 꽃가루를 옮겨야 하는 이유가 없는 것이다. 어쩌면 그래서 그토록 오랜 세월 야생에서 살아남을 수 있었고, 인간은 그것을 식량으로 삼아 생명을 이어 왔는지도 모른다.

벼에게는 또 하나의 생존 전략이 있다. 바로 한 송이의 꽃이 피고 지는 시간이 아주 짧다는 것이다. 꽃이 피기 시작해 닫히기까지 30분이 채 걸리지 않는다. 심지어 두 개의 껍질이 열리고 수술이 피어 밖으로 나오는 시간은 3분 정도밖에 안 걸린다. 정말 눈 깜짝할 사이에 수술이 껍질 밖으로 나오는데, 마치 느린 동작의 화면을 보고 있듯이 3분 동안 수술의 움직임이 눈으로 느껴질 정도다. 그날의 신비로움을 잊을 수 없다.

벼꽃 사진을 찍기로 한 날. 아침부터 수도 없이 벼 주변을 서성거렸다. 처음엔 30분 간격으로 왔다갔다하다가, 금방 필 것 같아 10분 간격으로 갔는데, 점심 때가 가까워도 꽃이 피지 않아 불안해지기 시작했다. 드디어 꽃이 터지는 게 보이기 시작하면서는 그 자리를 떠날 수가 없었다. 25년 넘게 식물을 가까이에서 보아 왔지만, 이렇게까지 꽃이 피어나기를 기다려 본 적은 처음이었다.

그날 나는 태어나서 처음으로 한 송이의 꽃이 피고 지는 모습을 오롯이 들여다볼 수 있었다. 그리고 그날 나는 처음으로 식물을 어떤 마음으로 어떻게 관찰해야 하는지 느낄 수 있었다.

온 마음을 다하면 온전히 알게 되는 것 같다.

8월15일 껍질이 열리기 시작한다.(13시 20분)

껍질이 반 정도 열렸다.(13시 23분)

수술이 나오기 시작한다.(13시 29분)

수술이 모두 밖으로 나왔다.(13시 42분)

수술대가 길어지면서 늘어지고, 껍질이 닫히기 시작했다.(13시 49분)

껍질이 반 정도 닫혔다.(14시 10분)

껍질이 완전히 닫혔다.(16시44분)

꽃이 피고 수정이 끝나면
벼는 껍질을 절대로 열지 않는다

벼가 자신을 지키는 생존력은 대단하다. 꽃이 피고 수정이 끝나면 벼는 껍질을 절대로 열지 않는다. 속껍질과 겉껍질에 있는 갈고리가 서로 맞물리면서 처음에는 헐렁했던 것이, 이삭 알맹이가 여물면서 점점 더 팽팽해진다.

볍씨에서 싹이 날 때도 껍질이 열리는 것이 아니라, 물에 불은 껍질을 싹이 찢고 나오는 것이다. 껍질은 질긴 섬유질로 되어 있어서 비가 와도 빗물이 들어가지 못한다. 이는 열매를 안전하게 오랫동안 보호할 수 있는 장치가 된다.

1만 년 넘는 세월 동안 인류가 재배해 온 작물이 벼인 이유가 바로 여기에 있는지도 모른다.

수술의 꽃가루가 암술머리에 닿으면 수정이 끝난다. 수정
한 날로부터 25일이 지나면 열매는 커지고 쌀과 같은 모
양으로 부풀어 오른다. 처음에는 열매가 가늘고 길게 위
로 자라다가, 껍질의 끝까지 닿으면 그 다음부터는 옆으
로 살을 찌우며 영글어 간다.

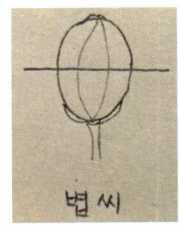
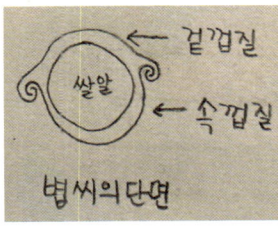
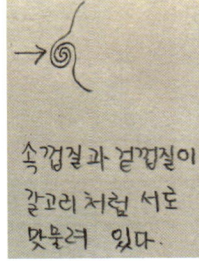

잘 여문 벼 이삭을 반으로 갈라 보면, 속껍질과 겉껍질이
서로 맞물려 있음을 볼 수 있다. 겉껍질이 속껍질을 감싸
안으며 두께에서도 차이가 나고, 위와 아래에 약간의 턱
이 느껴진다. 이 부분이 갈고리처럼 껍질이 절대로 열리
지 않게 하는 역할을 한다.

8월 30일 이삭이 부풀어 올라 살이 차는 벼 이삭을 만져 보면, 아직 말랑하다. 손가락으로 살짝만 눌러도 '푹'하고 들어가며 하얀 액체 같은 게 나온다. 덜 익은 전분 액체다. 이제 가을 햇살을 충분히 받으면, 이 전분 액체가 단단하게 여물고 수확이 시작된다.

〔팁 11〕 질긴 왕겨를 찢고 싹 틔우는 볍씨의 경이로운 순간

볍씨를 물에 담가 싹을 틔우면, 새하얀 눈이 나온다. 앞에서도 설명
했지만, 이 눈은 잎이 된다.

눈이 나오는 곳을 유심히 살펴보면, 이 가녀린 눈은 두 개의 껍질이
벌어지는 곳에서 나오는 것이 아니라, 그 질긴 왕겨를 찢고 나왔음을
알 수 있다. 껍질이 오랫동안 물에 불어서 가능한 일이다.

잘 말라도, 물에 잘 불어도 열리지 않는 벼 껍질의 구조에 신비함이
더해질 뿐이다.

완전물떼기

벼 이삭에 알곡이 통통하게 차오르면
도랑을 쳐 내고, 논을 잘 말린다.
이제부터는 맑은 가을 하늘의 햇살을 충분히 받으며
벼가 익는 데 최선을 다하는 때다.

논이 잘 말라 콤바인이 자유로우면,
벼를 자르는 날을 논바닥에 최대한 가까이 댈 수 있다.
그러면 볏대가 길게 잘려 볏짚을 효율적으로 쓸 수 있고,
수확량도 많아진다.

완전물떼기의 적기는 이삭이 팬 후 30~40일경이다.
완전물떼기가 끝나면 날씨를 보면서
농부의 시선으로 수확 시기를 정하면 된다.

9월 10일 벼는 완전물떼기 전까지 충분한 물이 필요하다. 최대한 논이 마르지 않도록 가득 채운다. 만약 가물거나 지하수를 충분히 댈 수 없는 상황이어서 항상 물을 채울 수 없다면, 물을 넣었다 뺏다를 반복하며 '물 걸러대기'라도 해 주어야 한다.

벼 이삭에 알곡이 차올랐으면, 이제 논물을 완전히 빼 준다. 농사 기술이 발달하면서 도구를 사용하는 농부들도 늘어났다. 예전 같으면 돌이나 흙으로 물꼬를 각았다. 그러다가 논둑에 흙이 많이 쓸려 내려가는 걸 막기 위해 비닐을 쓰기 시작했던 것이, 지금은 PVC 제품을 만들어 쓰기도 하고 심지어 시멘트로 논둑을 만들어 버리기도 한다.

9월 25일 완전물떼기가 잘 된 논. 논바닥이 갈라
질 정도로 잘 말라야 태풍에도 잘 견디고, 콤바
인이 들어갔을 때 빠지지 않고 수확할 수 있다.

논물을 잘 빼지 못하면, 논바닥이 물렁물렁하면서 벼가 잘 쓰러진다. 태풍으로부터 벼를 지키기 위해 가을에 농부가 할 일은 논을 잘 말리는 일이다.

벼가 익었다

사람이 사는 곳이면 어디든 자라는 벼는 가을에 더욱 빛난다.
노랗게 익은 이삭은 고개를 숙이며 땅을 보라 하고,
한없이 뻣뻣한 나에게 겸손해지라고 말한다.

벼가 다 익으면 농부는 이삭에서 낟알을 떼내어 이빨로 깨물어 본다.
잘 익은 벼는 '딱'소리가 나며 깨지고, 뽀얗고 하얀 전분이 묻어난다.
또 하나, 벼가 다 익었는지 알아보려면
볏대의 마지막 마디를 잘 살펴 보면 된다.
볏대에는 다섯 개의 자라는 마디(신장절간)가 있는데
그 중 벼 이삭과 가장 가까운 쪽 마디를 '목'이라고 부른다.
벼 목이 약간 갈색빛을 띠면 수확하기에 적당한 때다.

벼가 익었으면, 서리가 내리기 전에 벼 베기를 마친다.

벼가 완전히 익기 전인 초록색의 이삭 목.   벼가 완전히 익어 갈색으로 변한 이삭 목.

10월 18일 벼가 다 익었다. 잘 익었는지 알기 위해서는 낟알을 이빨로 깨물어서 반으로 갈라 보면 된다. 자를 때 '딱'하는 소리와 함께 새하얀 분이 나온다.

5마디

4마디

3마디

2마디

1마디

불신장절간
(흙속에 묻혀 있음)

벼에는 14~18개의 마디가 생기고 이중 이삭과 가까운 5개의 마디가 자라서 볏대가 된다. 이 5개의 마디를 신장절간이라 부른다. 나머지 자라지 않는 마디는 불신장절간이라 한다. 불신장절간은 논바닥과 가장 가까운 마디보다 더 아래에 있기 때문에, 흙속에 묻혀 보이지 않는다. 불신장절간은 말 그대로 길게 자라지 않으며, 처음 생긴 크기 그대로 멈춰 있는 상태로 머무른다.

태양빛을 받아 가을 들판을 노랗게 물들이는 벼. 벼는 물에서 자라
지만, 햇빛의 온기를 쌀을 통해 그대로 우리들의 몸으로 들여 보내
주는 게 아닐까. 그래서 쌀이 주식인 우리는 따뜻한 '정'이 많은 민
족인 걸까. 갑자기 궁금해진다.

먹지 않아도 배부른 벼 수확

들녘의 빛깔이 노랗게 무르익으면, 낫을 간다. 두툼한 숫돌은 미리미리 물에 담가 물을 먹이고, 무딘 낫을 슥슥 갈아 날을 세운다. 지금은 콤바인이 베고, 털고, 가마니에 붓는 일을 한꺼번에 다하지만, 그래도 사람이 할 일은 따로 있다. 잘 갈아 놓은 낫으로 콤바인이 들어갈 자리마다 갓을 두르고 콤바인이 놓치고 간 볏대를 자른다. 그러고 나서 콤바인이 마지막 바퀴를 돌고 나오기 전에 갓 두른 벼와 짜투리 벼들을 모아 탈곡기가 돌아가는 곳에 메기고 나면, 벼바심은 끝이 난다.

벼 베기는 서리가 내리기 전에 마치는 게 좋다. 서리를 맞으면 밥맛이 떨어지고, 짚도 거칠어진다. 벼 베기를 막 마친 물벼의 수분율은 평균 22~25% 나오는데, 잘 말려서 수분율이 15%가 되게 한다. 수분이 이보다 적으면 밥맛이 떨어지고, 이보다 많으면 도정했을 때 뉘가 나오고 오랫동안 보관할 수 없다. 보통은 수분 측정기를 이용해서 수분율을 15%에 맞추지만, 어른들은 마른 벼를 높이 들었다 떨어뜨리며 나는 소리로 알았다고 한다. 잘 마른 벼는 '차라락' 소리를 내며 바닥으로 떨어진다.

이제 가마니에 벼를 담고 '내년 1년'이라는 미래도 함께 담는다.

논에 나가기 전, 낫을 간다. 낫을 갈기 20
분 전에 숫돌을 물에 담갔다 꺼내서 쓰면,
숫돌에서 물이 나오며 날이 잘 갈린다.

벼 베기 전, 논에 들어가 마지막 피사리를 한다. 특히 여뀌바늘 같이 줄기가 두꺼운 풀들은 나무처럼 단단해지기 때문에 낫을 들고 들어가 미리 베어 낸다. 이 두껍고 단단한 줄기가 콤바인 날에 닿으면, 날이 부러질 수도 있기 때문이다. 논바닥과 최대한 가까운 곳을 자르거나 뿌리째 뽑아내는 것이 좋다.

논에서 가장 많이 볼 수 있는 풀 중 하나인 여뀌바늘은, 가을에 단풍 드는 잎이 예뻐서 피사리할 때 기분이 좋아지는 풀이기도 하다.

자라는 모습이 벼와 닮아서 구별이 잘 안 가는 피. 피는 씨앗이 익기 전에 베어 내는 것이 가장 좋다. 이미 늦었다면 이 열매 부분만이라도 뽑아 내면 도움이 된다.

콤바인 들어갈 자리

10월 18일 피사리가 끝나면 콤바인이 들어갈 자리의 벼를 베서 한쪽으로 모아 놓는다. 이 작업을 '갓두르기'라고 한다.

10월 18일 낫으로 벼를 벨 때는 한 손으로 볏대를 잡고, 다른 한 손으로 낫을 들어 앞으로 당기며 비스듬히 베어 낸다. 볏대가 논바닥에 최대한 짧게 남도록 베어 내야 볏짚을 쓰기 좋다. 볏짚은 말렸다가 소에게 먹이거나 마늘이나 생강밭 또는 텃밭을 덮을 때 쓰면 좋다. 작두로 작게 잘라 퇴비 만들 때 탄소 재료로 쓰면 더욱 좋다.

10월 18일 콤바인으로 벼 베기

콤바인에 벼가 가득 차면 자루에 옮겨 담는다.

지금은 거의 사용하지 않는 4조식 콤바인. 자루를 사람
이 일일이 옮겨야 하는 단점이 있지만, 작은 다랑이논이
나 질어서 콤바인이 잘 빠지는 논에서는 아주 유용하다.
이 콤바인도 머지 않아 골동품이 되지 않을까.

10월 18일 막 수확한 벼

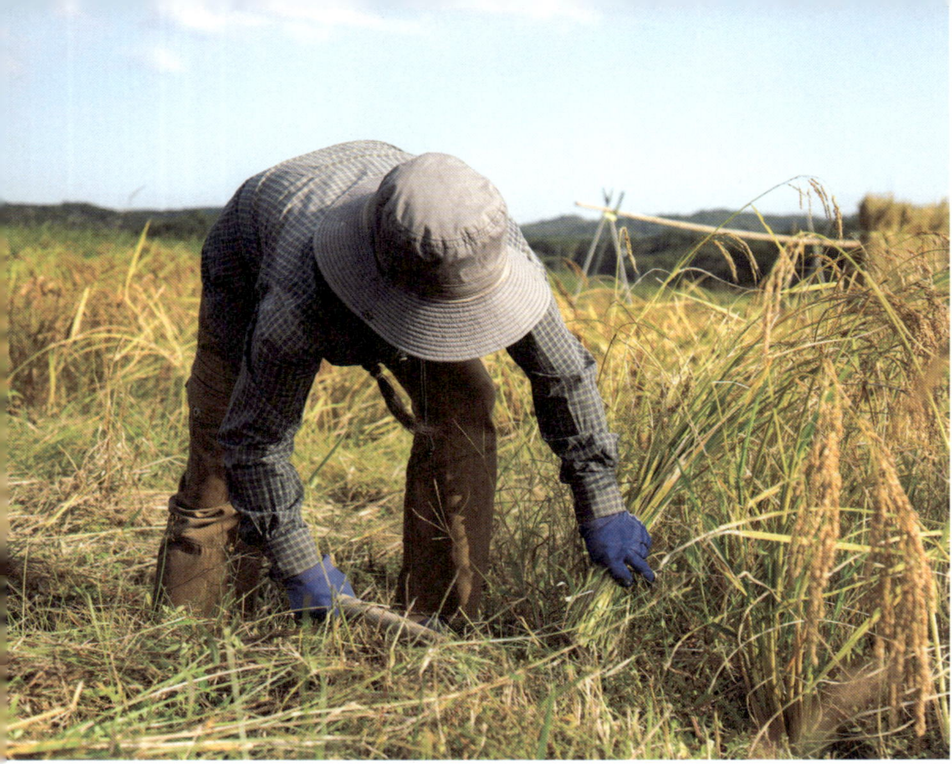

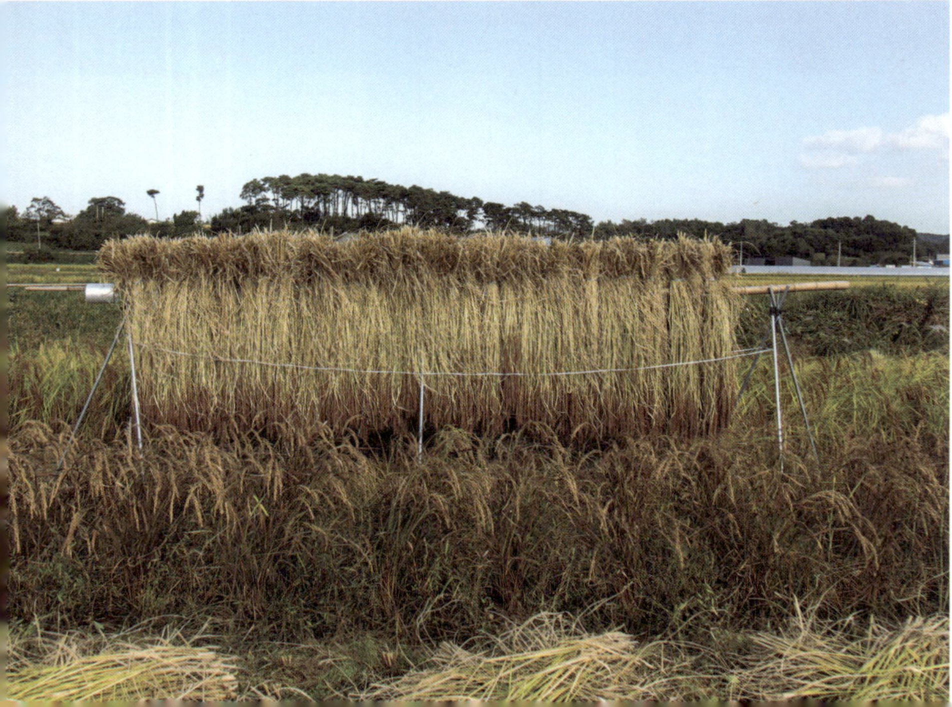

10월 18일 토종 벼를 키우는 논. 낫으로 벼를 베서 한다발씩 묶어 거꾸로 매달아 말린다. 콤바인이 없었던 때에는 대부분 이런 방식으로 말렸다.

커다란 빗 같이 생긴 이 도구는 홀태(그네
라고도 한다)라고 한다. 동력이 없이 사람
의 힘으로 벼를 털 수 있는 도구다. 시간이
걸리기는 해도 벼 알이 상처 나지 않기 때
문에 종자용으로 쓸 벼만이라도 이 도구를
이용해서 털면 좋을 것이다.

10월 18일 호롱개(또는 호롱기)는 홀태보다 힘이 덜 가고
빠르다. 발로 밟는 페달이 있어 처음에는 천천히 돌지만,
속도가 붙기 시작하면 힘을 많이 들이지 않고도 많은 양
을 털 수 있다. 콤바인에도 이와 거의 똑같이 생긴 탈곡
기가 들어 있다. 그러고 보면 옛날 어른들의 지혜가 참
대단했던 게 아닐까 라는 생각이 든다.

10월 18일 벼를 수확하고 나면 말리는 작업이 필요하다. 시멘트나 아스팔트가 깔린 길바닥에 검정 망을 깔고 벼를 널기도 하고, 방앗간에 가지고 가서 건조기에 넣어 말리기도 한다. 길바닥에 널면, 비가 오면 비닐을 가지고 가서 덮어야 하는 번거로움이 있기는 하지만, 가을 바람을 맞으며 벼를 젓는 기분을 맛보는 것도 큰 즐거움이다. 하루에 2~3번 저어 주어야 빨리 마른다. 날씨가 좋으던 3~4일이면 다 마른다.

10월 22일 벼가 잘 말랐는지 확인하려면 손에 한줌 들고 떨어뜨려 보면 된다.
잘 마른 벼는 '차라락' 소리를 내며 떨어진다.

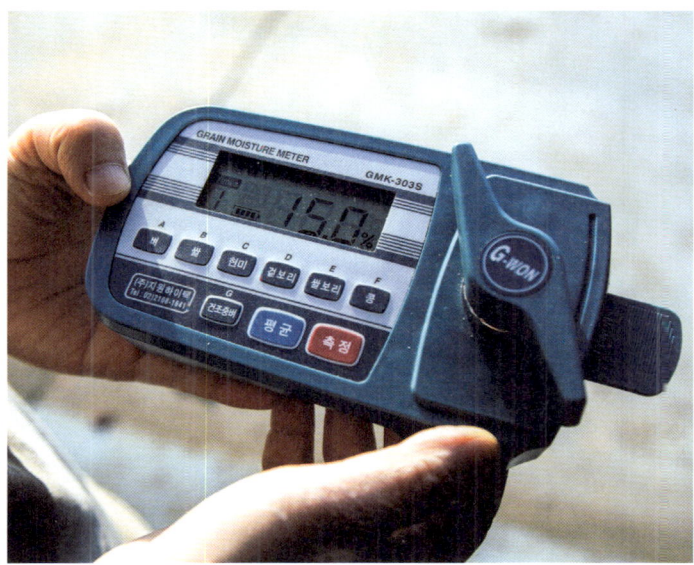

벼가 잘 말랐는지 확인하는 또 다른 방법은 수분 측정기를 사용하는 것
이다. 수분 측정기를 이용해 15%가 될 때까지 말린다. 이보다 더 수분
율이 높으면 밥맛은 좋지만, 도정이 잘 안 되고 기계가 망가질 수 있다.
이보다 더 낮으면 밥맛이 떨어진다. 가능하면 정확히 15%로 말리는 것
이 중요하다.

10월 25일 수확이 끝난 후, 볏짚을 묶어 세워 논바닥에서 말렸다. 이때 비를 맞추지 않으면 좋지만, 비를 맞췄더라도 뒤집어 주면서 잘 말리면 사용하는 데는 문제가 없다. 메주나 청국장을 만들 때 쓸 용도로 볏짚을 말린다면 비를 맞추지 말아야 한다. 이렇게 묶은 볏짚들은 비닐 대신 마늘이나 생강밭을 덮을 때 사용한다.

볏짚을 묶어서 쌓아 놓은 모습. 바로 옮길 수 없을 때는, 이렇게 쌓아 두었다가 윗부분만 비닐로 덮어 두면 겨울을 지나고 나서도 옮겨서 사용할 수 있다.

손으르 묶던 방식에서 한 단계 진화한 광식으로,
기계를 이용해서 만들었다. 비교적 작은 사각형
으로 묶여 있어서 옮기기도 좋고, 쌓아 두기도 편
하다.

우리 동네에서는 이렇게 말아서 비닐로 쌓아 놓은 것을 '공룡알'이라고 부른다(정식 명칭은 곤포 사일리지). 요즘 아이들은 마쉬멜로 또는 소김밥이라 부르기도 한단다.

이제 너무 익숙한 풍경이 되어버린 공룡알. 소 먹이가
돼 좋기도 하지만, 논으로 다시 돌려 줄 수 없으니 아쉽
기도 하다.

〔팁 12〕 두벌나락

인도가 원산지인 벼는 확실히 날씨의 영향을 많이 받는 작물임에 틀림이 없다. 벼 수확이 끝난 논을 걷다 보면 가끔씩 어린 이삭들이 나와 있는 걸 볼 수 있다. 이 이삭들을 '두벌나락'이라고 부른다. 자세히 들여다보면, 벼 수확할 때 잘린 볏대와 볏대 사이에서 새롭게 올라왔음을 알 수 있다. 먼저 나온 벼를 수확하고 나서, 아직 날씨가 따뜻한 틈을 타 느즈막히 생긴 꽃대들이 서서히 올라와 꽃을 피우는 것이다. 벼는 해 길이에 아주 민감한 작물이기 때문에 10월이 되면서 해 길이가 갑자기 짧아지면, 더이상 자라지 못하고 바로 이삭을 맺는다. 결국 수확은 하지 못하고 겨울을 맞는다.

추억을 그리는 겨울 논

텅빈 겨울 논에 눈이 내리면 참 예쁘다. 구멍 뚫린 그루터기 사이로 바람이 들어가면 논바닥이 숨을 쉬고 따뜻한 햇볕은 논두렁을 둘러싸며 온기를 모은다.

그렇게 겨울 동안 살을 찌운 논은 다시 우리에게 자리를 내어 주며 봄을 맞이한다.

텅빈 논… 눈에 보이는 것이 다는 아니다. 그 속에 지난 1년간의 추억들이 모여 쌀이 되었고 그 쌀은 다시 우리의 몸을 살찌운다. 수없이 많은 이들의 땀방울이 모이고 이야기와 웃음꽃이 무럭무럭 피어오르며 논에 머문다.

그리고 우리는 다시, 그 힘으로 1년을 살고 다시, 논으로 향한다.

12월 20일 **겨울 논**

나가며

벼에 관심이 많은 당신과 대화할 수 있는 시간이 허락되어 감사합니다. 이 책을 손에 쥔 당신은 왜 벼에 관심이 많으신가요?

벼에 관심이 많았다고 포장된 저의 마음은 '어떻게 하면 벼를 맛있게, 많이 수확할 수 있을까?' 였습니다. 그래서 초점은 늘 '내가 어떻게 하면 좋을까?' 였습니다. 벼를 '수용'하기 위함보다는 벼를 '사용'하기 위함이었습니다. 그렇게 벼의 가치를 제 나름대로 의미 있게 해석하고 가치를 부여했습니다. 그것은 의미가 있었습니다. 다만, 책과의 관계에서 나한테 필요한 부분만 읽고 바로 일상에 의미 있게 사용하는 만큼입니다. 그래서 저자의 이야기를 온전히 수용할 때의 의미를 놓치는 느낌이었습니다. 사람과의 관계에서도 저는 누군가 나의 일부를 의미 있게 해석해 줄 때의 기쁨도 있지만, 나의 전부를 온전히 수용해 줄 때의 기쁨에 비할 바가 아니라는 것을 압니다. 그래서 변하지 않는 벼 자체를 중점적으로 보고 싶었습니다.

이 책을 통해 여러분에게 전하고 싶은 것은 두 가지입니다.

첫째는, 벼를 잘 아는 길은 책을 읽는 것이 아니라 관찰이라는 것입니다. 어쩌면 이 책이 좋은 책인지 아닌지 평가의 척도가 될 수 있습니다. 여러분이 이 책을 통해 한 번 벼를 관찰하게 되었다면 성공이고, 이 책에서 알려주었으니 관찰하지 않고도 알게 되었다면 실패입니다.

둘째는, 관찰하는 길은 같이 가면 좋다는 것입니다. 사람과의 관계, 책과의 관계에서도 '사용'에서 '수용'으로의 도약은 어려운 일입니다. 관찰도 그렇습니다. 저희는 다섯 사람이 일주일에 한 번씩 정기적으로 모여 관찰을 했습니다. 다 같이 모이기는 힘들었지만, 둘만 있어도 관찰은 힘이 되었습니다. 정말 가기 귀찮아 옆 사람에 의해 반강제로 가게 되어도, 그 자리에서는 다시 한 주 살아갈 힘을 얻어서 돌아왔습니다. 벼를 '수용'하기 위해 모였기에, 벼를 관찰하는 눈으로 서로를 바라보는 연습도 되는 게 아닌가 싶습니다.

여러분도 다른 이와 함께 벼를 '관찰'하고, 그 눈으로 서로를 '관찰'하여 서로 수용하는 관계로 나아가길 기도하겠습니다.

2024년 5월

김주련

김주련

2018~2019년에 풀무학교 전공부에서 공부했고, 이후로 농촌에서 살고 있다.

오도

풀무학교 전공부에서 농사를 가르치고 배우며 살아가고 있다. 지은 책으로 『텃밭정원 가이드 북』『씨앗받는 농사 매뉴얼』『지킬의 정원으로 초대합니다』가 있다.

오선재

2017년부터 2년간 풀무학교 전공부에서 공부했다. 현재는 홍동면에 있는 '풀무배움농장'에서 일하며 계속 농업과 농촌을 공부하고 있다.

정채영

공동체와 환경에 대한 고민을 가지고 2017~2018년 풀무학교 전공부에서 공부했다. 졸업 후 홍성에서 농촌살이를 이어가고 있다.

사진 박혜정

풀무학교 전공부에서 농사와 삶에 대해 배웠다. 충남 홍성을 기반으로 전국 각지에서 다양한 사진 작업을 하고 있다. 여성, 농민, 어린이, 청소년, 동물을 만날수 있는 장을 좋아한다. 정성 들여 기록한 사진이 가지는 힘이 있다고 생각한다.

인스타그램 @hyejeong_photo www.photostudioH.com

감수 장길섭

홍성 농민. 『녹색평론』 편집장을 지냈고, 풀무학교 전공부 농업 교사로 일했다.